U0168099

NEW DESIGN
设计前沿

商业地产室内设计

赵 磊 —— 编著

Commercial

Property

Interior Design

广西师范大学出版社
· 桂林 ·

● 序一

这些年，国内商业地产类的书籍不少，设计类书籍更是品类众多，但缺乏的是什么呢？

第一，缺乏用户视角，大多站在"我"而非"他"的视角去思考和编写，这也是设计院（设计机构）视角和甲方视角的差异。"他"的视角是基于商业地产的整个建设过程和生命周期去考虑各个流程环节下的设计需求、内容，以及设计要点。

第二，缺乏实操指导价值，尤其是针对重点环节或重点空间的具体建议和具体案例，以及具体的做法。

第三，缺乏对某类建筑的设计细分更具针对性的指导书籍。

我曾参与清华大学出版社出版的《商业地产投资建设》的编写，这本书要求编写者站在商业地产用户的视角，把日常所做的工作进行总结、提炼、升华，有理论，有思路，有案例，所以出版后成为商业地产行业和培训行业竞相采购的学习用书。

赵磊先生编著的《商业地产室内设计》也是一本站在用户视角的图书，它以商业地产类项目的室内设计为细分对象，基于项目建设的整个过程，既有管理视角的步骤、方法、成果类描述，也有设计视角的室内动线和店铺规划，更有通过实践总结出的设计重点部位的心得，还有关于室内灯光、景观、标识和机电等设计的介绍，以及改造设计的部分。

可以说，这本书会让商业地产室内设计的从业者，无论甲方还是乙方，都能从甲方的视角去思考如何做好商业地产的室内设计。

杨泽轩
万商俱乐部创始人

序二

在房地产行业二十余载高速发展的过程中，因大量商业空间的实施主体为房地产开发商，故而国内的商业空间被房地产发展紧紧裹挟前行，相生相伴，形成了独特的"商业地产"发展路径。

通常，我们更愿意将商业与运营，而非主导开发与销售的地产相关联，即使现状如斯，但随着社会的整体发展方向从追求速度向追求质量转变，从大拆大建向改造更新发展，人们对商业空间的品质要求也变得更高。设计作为一种无可取代的手段，通过商业空间这一承载一切商业活动的物理载体，将来自多方的诉求整合，并具象地呈现出来。各种吸引眼球的、流量满满的商业空间，或昙花一现，或经久不衰……那么，在如今这么纷繁芜杂的商业环境表象之下，商业空间在设计层面是否还存在颠扑不破的本质性价值判断和成功密码？本书通过多个维度给出了肯定的回答。本质性的东西可谓原理，而这本书的宗旨正是揭示关于商业空间设计的本质性内容。

空间设计回应并影响使用者——对商业来说即商家和消费者——的行为模式甚至精神需求，如果找到不断变化的使用者行为模式（最好能加上精神需求）上的"最大公约数"，就相当于找到了推导构建"好"空间的公式的基本要素。而本书作者将其在商业空间设计领域的经验——这些经验来自与不同类型的开发商、运营商甚至"新玩家"的合作经历——进行了抽丝剥茧般的分解诠释，将构建"好"的商业空间的方方面面的基本要素铺陈在读者面前。

原理是精简到只有一种语义的表述，又可以通过丰富的组合和灵活的运用而不断推演出新的基本元素。当设计师手握这本原理之书，应能得到完成"好"设计的基础指导和进行全面思考的提示，并可以摆脱教条的束缚而获得创新的启示；当业主手握这本原理之书时，可将其当作评判设计好坏或全面与否的清单，甚至运作项目搭建其空间构架的丰俭由人的菜单；而那些对商业空间设计感兴趣的非专业人士，皆可通过这本原理之书对影响商业空间的运作原理窥得一二，从而破除对商业空间理解的神秘性。当有更多参与者（设计者、运营者、使用者）能从原理的角度理解甚至评判设计，商业空间的迭代进化必将更为理性和从容，创新的基础也将更为扎实，一如我们的房地产行业和社会中的诸多行业已经经历和必将经历的那样。

愿将此书推荐给各位一读，补上商业空间设计认知拼图上缺失的一块。

刘严
CallisonRTKL 副总裁、北京办公室总经理

● 序三

　　中国改革开放四十多年，经济迅猛发展，商业地产从无到有，至今已成为驱动 GDP 高速增长的主力之一。商业地产也随着投资、建设、运营、使用、管理的逐步规范形成了其独特的设计发展规律和设计管理程序。随着商业地产的兴起与发展，本书作者在从事室内设计工作的过程中，经历了设计从地产的单一性到多样性、从功能的简单性到复杂性、从风格的趋同性到独特性、从技术的随意性到规范性，至今积累了丰富的设计实践经验和工程建设经验，也总结出了系统的设计管理规律，并将宝贵的经验凝结成此书。本书对商业地产项目策划人员、设计人员、建设人员和管理人员来说都是宝贵的参考资料。

　　在众多的室内设计类书籍当中，《商业地产室内设计》一书可谓独树一帜，具有针对性强、系统性强、操作性强的特点。针对性强，指该书没有追求广泛领域的室内设计，而是专注于商业地产室内设计这一方向，使其问题更聚焦，针对性更强。系统性强，指该书详尽地介绍了购物中心室内设计原理、各个主要区域的设计要点及相关的设计规范要求，还说明了商业室内设计各个设计阶段的工作内容要点、工作成果，以及各个关联专业的配合步骤。操作性强，指书中对于购物中心室内设计主要相关专业——室内装饰设计、机电设计、照明设计、景观设计、展陈设计、标识设计等都有相当篇幅的梳理和阐述。另外，书中还对商业地产室内设计常用的装饰材料性能、构造做法进行了概括和图示说明，可谓内容丰富，堪称"商业地产室内设计工具书"，能使读者更完整、集中、系统地了解实际设计工作中的相关知识，非常便于学习和查阅。

杜异
清华大学美术学院环境艺术系教授、博士生导师

● 前言

　　我从事了三十多年的建筑和室内设计工作，恰逢中国经济高速发展时期，前所未有的建设规模、突飞猛进的建设速度、精益求精的细化建设要求，既给从业者创造了更多的学习和实践机会，也赋予了当代设计人更为严苛的挑战使命。

　　一次机缘，一方天地，我从自主设计完成北京一座购物中心之后，便与商业地产结下不解之缘，随后有幸得到凯德、万达、中粮、TESCO等著名商业地产商的信赖，在一次次思想碰撞中激发新的灵感，在相携相伴中结识诸多良师益友。

　　经过多年的设计实践，我越发感觉到商业地产设计是一种非常复杂的设计类型，涉及商业策划、招商、运营等诸多方面，而项目中各个设计环节和设计专业之间又环环相扣，关联性极强。但是，在实际工作中，并非所有的项目参与者（包括开发建设方、设计方）都对此有系统性的认知和经验，经常会出现参与者对某些设计和技术环节理解不到位、不全面，执行专业衔接时出现混乱、无序的情况，这些都会对项目的建设周期、投资控制、报审验收，乃至招商运营产生很大的不利影响。所以，我便萌生了将商业地产项目室内设计相关内容进行总结梳理并汇集成册的想法，无奈忙于冗杂的设计工作，并未付诸实施。机缘巧合，在恩师王昀教授的举荐及广西师范大学出版社的支持下，我终于下决心将多年的想法落实于行动，特在此一并致谢。

　　本书主要从商业地产中的购物中心室内设计入手，全面总结分析了购物中心室内设计涵盖的内容、各个专业之间的衔接关系、内部各个空间区域的装修设计原则及设计方法，归纳了各个空间区域的装饰材料和特性，列举了一些有代表性的构造做法，还对室内设计的相关设计规范和设计要求予以表述。同时，本书也对购物中心室内的景观设计、展陈设计、标识设计等进行了原则性、系统性的梳理。

本书用大量的篇幅对购物中心的机电设计进行了讲解，因为机电设计对购物中心的建设、招商、运营都起着非常重要的作用，而没有经验的开发建设方和设计方往往容易忽略机电设计的全面性、针对性和开展时机。此部分内容受益于《商业地产实战精粹——项目规划与工程技术》一书，其对商业地产的机电设计进行了非常系统、细致、全面的阐述，在此也感谢其作者邓国凡先生、杨明磊先生、杜伟先生对我的大力支持。

　　我将自己多年从事商业地产设计工作所沉淀下来的经验、收获甚至教训予以总结梳理，希望能对商业地产项目的开发建设者、设计者及其他业内人士，乃至新入行的朋友有积极的帮助，如果也能对中国商业地产的发展贡献一点微薄的力量，将不胜荣幸。这也是我一直认真进行商业地产设计和研究工作的价值所在！

　　书中的内容和观点皆依据我个人的经验和理解，难免有局限性，在此恳请大家予以谅解，并欢迎大家提出宝贵意见，不胜感激！

● 目录

CHAPTER

1

第 一 章

商业地产设计概念

自从人类社会有了商品交易行为和交易空间，广泛意义上的商业地产就随之产生了。随着社会的不断发展变化，商品的交易场所——商业地产也在不断地变化，且与社会中的其他事物一样，变化发展的速度越来越快。

最早的商品交易是简单的物物交换，后来，货币的出现使人们摆脱了物的束缚，商品交易变得更为灵活和多样，其交易地点由商铺慢慢发展成街市、市井、集市。到了 15 世纪，土耳其的伊斯坦布尔建立了全封闭的室内集市——大巴扎（图 1-1），其中有 60 多条街道、几千家店铺，规模非常大，在当时也是盛况空前。这算是最早具有现代概念的商业地产了。到了 19 世纪初，著名的意大利米兰埃马努埃莱二世长廊（图 1-2）建成了，其形式似乎更接近现代的购物中心了。几乎在同时期，法国巴黎诞生了第一个百货商场——乐蓬马歇百货（图 1-3），其特点为所有商品明码标价，顾客可以自由地进入一个销售各种商品的集合性"大商铺"。

我国近代的商业地产初期也是以"百货商场"为主，如北京市百货大楼、上海市第一百货、广州新大新百货、哈尔滨秋林百货等（图 1-4~图 1-7）。

近三四十年，商业地产进入高速发展阶段，其内涵也在不断变化、增加，呈现了丰富的多样性，如大型超市、便利店、建材市场、家具家居市场、工艺品市场、汽车卖场、各种专项商品卖场等。同时，商业地产的外延也

图 1-1 最早的集中性商业地产——大巴扎

图 1-2 米兰埃马努埃莱二世长廊

图 1-3 乐蓬马歇百货

图 1-4 北京市百货大楼

图 1-5 上海市第一百货

图 1-6 广州新大新百货

图 1-7 哈尔滨秋林百货

在不断扩大，如电影院、商务写字楼、酒店、娱乐中心、主题公园等，在广义范畴内也被称为商业地产（图 1-8~ 图 1-17）。

商业地产发展至今，已经呈现出综合性、多样性、体验性等全新特点，即针对不同的区域、规模和客户人群，设置不同的业态，不断地重新组合，而且更加注重顾客的行为感受和心理体验，使其不只作为简单的购买商品的空间，还成为家庭生活空间的外延，是人们生活的一个重要组成部分。可以说，商业地产赋予人们的不再只是商品购买行为，而是"购物体验"，甚至发展成一种"生活体验"。

本书讲述的商业地产以购物中心为主要研究对象，翔实地介绍了购物中心设计中涵盖的各个方面，力求让读者对购物中心的室内设计从设计步骤、设计手法、设计关联方面、相关设计规范，到具体的设计用材、设计构造都有详细的了解，着力于内容的系统性、学习性和实用性。

图 1-8 超市

图 1-9 便利店

图 1-10 家居市场

图 1-11 工艺品市场

图 1-12 建材市场

图 1-13 汽车展厅

图 1-14 商务写字楼

图 1-15 酒店

图 1-16 电影院

图 1-17 娱乐中心

1.1 什么是商业地产设计

商业地产设计，是对商业地产项目中所有设计内容的总称，包含了商业地产项目从开始操作至开业运营过程中各个方面的设计内容。

1.2 商业地产设计的组成

商业地产项目相较于普通民用住宅项目或办公项目要复杂得多，其涉及的设计内容也非常广泛，主要由几个方面组成：商业策划设计、规划和详细规划设计、建筑设计、结构设计、室内设计、室内外照明（灯光）设计、室内外景观设计、室内外标识设计、室内外展陈设计、机电设计。

1.3 商业地产室内设计的概念和目的

商业地产的室内设计是商业地产项目建筑内部所有设计内容的总和，其目的是在合理的投资成本控制下，营造出高商业效益、切合商业诉求的优质的商业环境。

以下三点是评价一个商业地产室内设计成败或优劣的关键要素。

第一，设计所产生的实施投资，应该在项目的合理成本控制之下。所谓合理的成本控制，是指成本要符合项目的规模、定位、诉求和时代发展，要符合实时的市场价格，如果实施成本超过控制成本过多，会给项目运作带来一系列影响，还可能在实施过程中为了降低成本而使设计效果大打折扣，甚至远远达不到设计预计的效果，事倍功半。另外，如果设计所产生的实施投资比较多，没有达到项目的合理成本，则肯定无法满足项目的综合诉求。当然，前提是项目的预算成本合理。

第二，商业地产室内设计是为商业地产项目服务的，商业地产项目的本质通常是以营利为目的的，所以，在设计中一定要利用设计的专业性来提高项目的营利性，而不是宣扬设计主义。

第三，商业地产室内设计所营造的商业环境，一定要符合该项目的具体商业诉求，不能过高或过低。简陋的商业环境肯定不符合高端产品的销售要求，同样，奢华的商业环境也不适合销售低端的、大众性的商品。

如果用更高的标准去审视，商业设计应当是基于对商业发展的深层次研究和对商业项目的广泛深入了解所完成的设计作品，既符合项目的商业诉求并使之获利，又能够引领商业设计的发展趋势，对商业地产和社会的发展起到积极的推动作用，并产生巨大的影响力。这样的商业设计，才堪称优秀甚至杰出。

图 1-18

1.4　商业地产室内设计涵盖的内容

商业地产室内设计涵盖了商业地产项目建筑内部所有设计的内容,包括(不仅限于)：室内动线和店铺规划（可能与建筑设计、商业规划设计有重合和递进的关系）、室内精装修设计、室内照明设计、室内标识设计、室内景观设计、室内展陈设计、室内机电设计（含空调采暖、通风、给排水、强电、弱电、消防等）、店铺设计控制（可选择）。

1.5　商业地产室内设计的核心

商业地产室内设计的核心：要在充分理解商业地产项目的各个方面的商业诉求和原理的条件下，集成室内设计包含的所有设计内容，按照科学的步骤，有机地衔接各个部分的专业工作，创造最佳的商业环境。

从国内目前的商业地产设计行业现状来看，大多数设计机构都具有明显的片面性，有的注重设计理念，却对方案的落地性和可实施性没有把握；有的着力于各种复杂奇特的造型设计，却不理解商业地产的逻辑和概念；有的精于装修设计，却对相关专业（如机电、照明、景观、标识等）缺乏了解，无法形成专业集成……这些问题都或多或少会给商业项目的设计、施工、招商、运营带来方方面面的问题，最终影响项目的成败。所以，在商业地产项目的室内设计实施中，无论甲方还是设计方，都要充分重视设计的全面性、系统性和商业逻辑性。

CHAPTER

2

第 二 章

商业地产室内设计步骤

2.1 商业地产室内设计步骤

由于商业地产室内设计涉及的方面非常广泛，所以怎样展开设计工作，又如何在设计工作推进过程中兼顾、协调其他设计环节和设计专业就显得十分重要了。以下是商业地产室内设计的基本步骤。

（1）项目调研阶段

在商业地产室内设计开展之前，要对本项目的所有相关资料进行相当程度的了解，具体包括以下几个方面：

a. 对于项目的商业策划设计的调研：洞察实时的商业发展状况和方向，了解本项目的商业定位、主要客户人群、初步的业态方向、主力店的招租倾向等。

b. 对于周边商业环境的调研：根据本项目的商业策划定位，调研不同地理范围内的商业布局，了解其他商业体的商业业态、经营情况、装修档次等相关情况。

c. 对于建筑设计或建筑现状的调研：收集本项目的全套建筑设计图纸或竣工图纸（含建筑、结构、机电等各个专业），了解项目的消防设计原则、入口、层高、柱距、梁高、防火防烟分区、机电系统的设计原理和设计容量、主要管道的标高及可能影响室内设计的消火栓、配电箱、防火卷帘、机电设备用房位置等。这部分工作十分重要，将直接影响设计方案的可行性，也是后续各个设计阶段顺利进行的重要保障。

d. 了解建设方对本项目的室内装修投资成本控制要求，并针对这一要求与建设方进行合理性研究和讨论，以达成共识。这是设计师设计的前提和依据之一，也是对设计师经验和综合能力的考验，设计成果只有在建设方的投资成本控制之下得以实施，方能称为合格的设计作品。

e. 本项目的其他设计、顾问方的落实和工作开展情况：只有厘清所有项目相关配合方的工作进展，才能落实相关设计节点，保障设计工作全面、顺利地开展。

f. 建设方拟定设计任务书：建设方应当为设计方拟定设计任务书，对于委托设计的范围、工作内容、设计深度、设计周期等提出明确的要求。但在实际项目中，一些建设方没有经验和能力拟定设计任务书，就需要设计方根据经验和对项目的了解，协助甲方共同拟定，或者以设计建议书等形式表达相关内容，请建设方确认后，才可开展设计工作。

（2）概念设计阶段

此阶段也可以称为设计方向性阶段，是要将调研阶段收集的各方面信息，予以分类整理，推导出本项目的设计逻辑，勾勒出大致的设计构想。

（3）方案设计阶段

根据业主确认的概念设计，设计出较为具体全面的空间效果和有较为清晰动线的店铺平面图。

（4）扩初设计阶段

根据业主确认的方案设计进行具体细化，联动机电设计、灯光设计，启动景观、展陈、标识设计工作。

（5）施工图设计阶段

完成全套的，含机电、灯光设计的施工图纸及附属技术文件，联动景观、展陈、标识设计。

（6）施工招标阶段

完成协助施工招标的技术文件，如有必要，参与施工招标评审。完成对中标施工单位的技术设计交底工作。

（7）项目施工阶段

处理施工过程中的现场设计问题，协助业主解决由于招商等原因而带来的设计变更，直至项目竣工完成。

表 2-1 室内设计阶段各方配合表

阶段	业主	室内设计	机电设计	建筑设计	结构设计	灯光设计	展陈设计	景观设计	标识设计	定制加工深化
项目调研阶段	配合现场勘查，提供项目条件、项目数据	现场勘查，市场分析及调研，技术分析，条件整理	现场勘查	—	—	—	—	—	—	—
概念设计阶段	提供项目预算等项目计划、项目性质、经营计划、风格等方向指引及阶段确认	设计分析，设计提案（概念图）	提出机电标准	可实施性审核	可实施性审核	—	—	—	—	—
方案设计阶段	项目支持及阶段确认	基础方案设计（平面方案、效果方案），提出各专业方向	确定机电标准、原系统新方案校核，并提疑、提出可行性建议	配合建筑局部修改	配合结构局部修改	根据确认的精装方案，按要求开始灯光方案设计	根据确认的精装方案，按要求开始展陈方案设计	根据确认的精装方案，按要求开始景观方案设计	根据确认的精装方案，按要求开始标识方案设计	—
扩初设计阶段	项目支持及阶段确认	设计发展，提资给各专业	初步设计，提资给室内设计	配合建筑局部修改，提资给室内设计	配合结构局部修改，提资给室内设计	初步设计，提资给室内设计	初步设计，提资给室内设计	初步设计，提资给室内设计	初步设计，提资给室内设计	配合设计
施工图设计阶段	项目支持及阶段确认，签字确认	实施设计（施工图、材料表、材料样板），签字确认	施工图设计，签字确认	施工图设计，签字确认	施工图设计，签字确认	施工图设计，签字确认	施工图设计，签字确认	施工图设计，签字确认	施工图设计，签字确认	配合设计

注：以上内容均以合约约定内容为准。

商业地产的室内设计需要遵循"由大到小、由外到内、兼顾多方、步步深入"的原则。具体来说，就是在设计工作开始之时，要先从项目大概念的问题入手，比如：

◆ 要塑造什么样的商业氛围和空间形象？

◆ 要给顾客什么样的购物体验？

◆ 要如何协调商业规划中的主力业态？

◆ 建筑的入口和城市道路的关系怎样延伸到室内？

◆ 动线和店铺如何划分和组织才能尽量提高所有店铺的商业价值？

◆ 空间规划中的影响要点是什么？

◆ 大概念的设计方案是否基本符合相关规范的具体要求？

◆ 方案与机电条件有无冲突？有无解决方向？

在解决了这些问题之后，再来思考设计什么样的造型，运用什么样的材料，灯光如何控制，机电如何配套跟进。这个递进的设计原则非常重要，如果不能扎实地做好每一步工作，必然会造成设计工作反复、工作周期加长、项目的时间延长和实施成本加大等一系列不良后果。

2.2 商业地产室内设计各个阶段的工作目的和设计成果

商业地产室内设计大致可以分为以下几个阶段。

2.2.1 概念设计阶段

概念设计要点

概念设计是整个室内设计最先开展的工作，也是十分重要的环节之一，要通过深入、全面的调研，厘清项目的优缺点，确定设计的定位、理念和设计方向。而且在此阶段，一定要与业主方、商业策划设计方等相关参与单位达成一致的意见和决策，为后续开展的方方面面的设计工作确定方向、打好基础。

概念设计阶段工作要点

（1）调研工作一定要全面、准确，基于调研成果对建筑及周边环境的优缺点进行分析，从而推导出设计思路。

（2）与业主及商业策划设计方一起讨论、研究项目的商业诉求和目标人群，并初步达成一致意见，为后续设计的展开提供依据。

（3）研究最新的商业发展趋势，结合本项目特点，以保障项目的适时性和持续性。所谓适时性，是指项目的建设要符合当前商业发展的潮流及满足人们不断提高的审美和生活、购物的需要；而持续性是指项目建设应有一定的前瞻性和预见性，以确保项目在未来一定时间内仍具有适应性，不至于建成后就落后于时代。

（4）设计理念一定与项目特点、商业诉求高度契合，不能脱离实际。

（5）设计效果意向图片的选择应符合现有建筑状况。如有必要的建筑结构调整，应提出符合商业和设计逻辑的理由。

概念设计阶段主要工作成果

概念设计阶段主要工作成果通常包括项目分析、建筑分析、客群分析、诉求分析、平面分析、空间分析、设计理念、平面概念设计、设计效果意向。

概念设计阶段的成果目标

概念设计成果得到业主及其他相关各方认可，即说明所有参与决策方在项目特点、商业诉求、设计理念、建筑现状问题及有可能的调整改造方向等方面达成一致意见，特别是在室内设计最终形成的效果方向、风格方面获得了认同。这些成果意见应当是谨慎和认真的，会对后续的设计工作产生决定性的影响，之后不应再出现大的方向性调整，否则会造成设计成本和时间成本大幅增加。

2.2.2 方案设计阶段

方案设计要点

方案设计阶段是在业主及相关各方认可的概念方案的基础上进一步推进的结果，主要是设计方案的具体形象化体现，要表达出设计理念指导下针对本项目具体特征的实施效果，要对项目的平面、空间所涵盖的问题提出具体的解决方案。

方案设计阶段工作要点

（1）方案设计阶段的设计要符合项目实际的建筑结构要求，不能只追求空间效果，要充分分析建筑的层高、结构、梁柱尺寸，以及它们对空间尺寸、比例的影响。

（2）在进行方案设计时，要对机电系统的设备、设施进行有技术基础的预判，分析其对吊顶高度的影响。以空调系统为例，不同的空调系统类型对空间吊顶高度的影响是不同的，如果是全空气系统，最影响吊顶标高的是送风和回风管道的叠加；而如果是风机盘管系统，其中冷凝水管的找坡方向和长度对吊顶标高的影响则往往被忽略。

另外，要关注空调机房、新风机房或竖井的位置，从此处延伸出的主风管截面积比较大，对吊顶标高影响很大。如果设有强排烟系统，那么对大尺寸的强排烟管道也要十分重视。而消火栓、风口等也会对方案效果产生影响。所以，在做方案设计时，要了解建筑的机电设计原则，应有机电设计师参与研究设计方案。

（3）方案要符合国家、地方的相关规范要求，应具有比较强的可实施性，避免在后续设计工作中重复修改。在设计平面布置时，要考虑疏散宽度、疏散距离、防火分区、防烟分区等消防要求，并关注相关设施对方案的影响，如防火卷帘、挡烟垂壁等。

（4）方案设计应该是综合性的设计集成，而非只追求感观效果。在此阶段还要解决基于各种业态的店铺及运营管理需要的机电设计标准，包括店铺用电标准、计量方式、空调要求、给排水点位设置标准，等等，这些都会对后续的设计工作产生影响。

（5）方案设计阶段应呈现空间效果，主要以效果图形式表现，复杂的大型空间还可以运用动画表现。效果图应以表现主要空间为目的，要准确、系统地表达设计理念，应在同一种设计逻辑下完成。空间效果图应对空间的造型、尺度、装修材料、照明效果等各个方面予以展现。其中，特别要注意的是，灯具的选择和布置应与设计的照明效果相对应。

方案设计阶段主要工作成果

方案设计阶段的主要工作成果通常有方案设计说明、平面布置设计、效果方案展示（模型、效果图、动画等）、有助于方案展示的立面图和剖面图、主要装饰材料展示、机电设计方案（机电设计标准）。

方案设计阶段的成果目标

方案设计阶段应基本确定动线和商铺布置，确定各个主要公共区域的空间效果、造型设计和主要装饰材料，确定机电设计标准（包括动线区域、中岛店铺、边店等）和计量方式。另外，方案设计确认成果应作为照明设计、景观设计、标识设计、展陈设计等方案设计的基础和依据。

2.2.3 扩初设计阶段

扩初设计是在业主及相关各方确认方案设计以后开展的设计工作，是从方案设计到项目落实的具体体现。在此阶段要体现方案设计指导下的所有平面、地面、顶面、立面等的设计内容，同时，还要解决机电与室内装修设计的主要关联内容，所以，扩初设计阶段的工作内容十分复杂和丰富，也十分重要。而且，扩初阶段的设计成果，除了表达室内设计效果，还涉及使用要求和建设成本等诸多方面的内容，必须要求业主认真审定并确认。

扩初设计工作要点

（1）在扩初设计阶段，装修专业的设计图纸已经比较深化，要确定吊顶标高，地面、立面和吊顶的造型尺寸、选用材料及铺装尺寸，以及隔墙位置和做法。

（2）在扩初设计阶段要解决大量与机电相关的问题，如吊顶的主要管线，综合吊顶、地面和立面的主要机电消防设备设施，所有管井、立管的位置及尺寸。

（3）机电设计在扩初设计阶段也需要完成大量的工作。

（4）扩初设计阶段也是跟业主沟通的重要阶段，要与业主、运营、招商、设计、工程等各方深入沟通，充分了解各方的详细要求，并落实于设计。业主和设计方经常忽略此部分工作或不够重视，待后续施工图纸提交后，业主方再提出使用需求和意见，造成大量的设计返工或调整，增加了设计成本和时间成本。

（5）扩初设计阶段应与照明设计、景观设计、标识设计、展陈设计等各个专业沟通，明确照度要求及实施方式，为景观设计、展陈设计、标识设计预留对接条件。

扩初设计阶段主要工作成果

室内装修设计专业：平面布置图、隔墙定位图、地面铺装图、吊顶平面图、综合吊顶图、配电点位图、主要立面图、主要剖面图、重要大样图。

机电设计专业：机电各专业系统原理图、机电各专业楼层平面图、机电各专业设计说明（初步）、机电各专业材料表（初步）、机电各专业设备用房大样图（初步）。

扩初设计阶段的成果目标

扩初设计阶段工作结束后，应完成以下工作目标。

（1）基本确定装修设计专业的平立面的所有造型、尺寸、材料。

（2）基本解决装修设计专业与机电设计专业所有关联问题（包括吊顶内竖向综合、平立面机电点位）。

（3）明确业主等各方对设计的各方面的要求并实施。

（4）初步明确给景观设计、展陈设计、标识设计预留的条件。

（5）彻底解决设计规范相关问题，避免因此而产生后续设计修改。

（6）能够进行设计概算工作。

在项目的实际实施过程中，有的业主希望在扩初设计阶段完成后，就可以进行图纸报审，甚至开展施工招标工作，那就需要与设计方在签订合同时对此提出明确要求，对此阶段完成的工作内容、图纸深度有清晰的界定。

2.2.4 施工图设计阶段

施工图设计阶段是商业地产室内设计中图纸设计的收尾阶段，在此阶段需要解决室内装修设计、机电设计的所有问题，体现出室内装修设计和机电设计的所有设计要求，务必使施工图设计文件全面、详细、合规、可实施，为设计报审、施工和施工图招标做好充分的准备。

施工图设计要点

（1）施工设计图纸必须详尽、准确。平面、立面、吊顶、大样、详图之间应对应无误。除了明确装修面层的尺寸、材质标准以外，还应对其主要基材予以表述。

（2）施工图设计说明一定要全面，对应设计内容和设计规范进行有针对性的详尽表述。

（3）装修设计专业与机电设计专业核对准确，避免出现冲突或不符的情况。

（4）在施工图设计阶段，装饰材料的选材一定要全面，包括灯具、洁具、五金等，而且特别需要注意的是，要在项目投资预算的控制范围之内。

施工图设计阶段主要工作成果

（1）室内装修设计专业。

设计说明、装饰材料终饰表（包括灯具、洁具、五金等）、构造做法表、各区域装饰材料表、门索引图、门表、原始建筑图、平面布置图、隔墙定位图、完成面尺寸图、家具索引图、地坪布置图、墙面材料平面图、天花布置图、天花板灯具定位图、综合天花板图、机电点位图、立面图、天花板节点图、地坪节点图、墙身节点图、详图（门、柱、家具）、大样图。

（2）机电设计专业。

给排水专业：封面、图纸目录、给排水设计及施工说明、设备表、给排水及消火栓平面图、喷淋平面图、给排水大样图、给水系统图、排水系统图、热水系统图、喷淋系统图、消火栓系统图。

暖通专业：封面、图纸目录、暖通设计及施工说明、设备表及图例、空调风管平面图、空调水管平面图、防排烟平面图、通风平面图、排油烟平面图、空调风系统图、空调水系统图、通风系统图、防排烟系统图、厨房排油烟及补风系统示意图、安装详图。

电气专业：封面、图纸目录、电气设计及施工说明、配电系统图、弱电系统图、火灾自动报警系统图、综合布线平面图、动力配电平面图、应急照明平面图、照明平面图、插座平面图、火灾自动报警平面图、应急疏散指示平面图、设备配电平面图、安防平面图、会议系统平面图。

施工图设计阶段的成果目标

（1）施工图设计图纸必须达到施工招标的要求。

（2）施工图设计图纸必须达到相关设计图纸报审的要求。

（3）施工图设计图纸必须达到指导工程施工的要求。

（4）施工图设计图纸必须达到进行施工预算的要求。

2.2.5 施工招标阶段

在施工图设计完成后，通常会由设计方对业主委托的造价顾问（或招标代理公司、施工预算单位等）进行设计交底，有些设计公司还可以提供（或业主要求提供）施工技术要求，对本项目室内装修设计和机电设计施工图中涉及的所有施工材料、施工工艺进行详细的说明，使各个施工投标单位能在统一的技术标准下进行投标，保证公平、公正，也能为后续的施工过程提供技术指导意见和要求。在此阶段，设计方也可以应业主的要求，参与施工评标工作，对施工投标单位针对本项目设计施工图的理解和技术措施进行评估。

在施工招标工作结束后，设计方还应在正式施工之前，对施工单位进行设计交底，对施工单位提出的技术疑问进行解答，对项目中的设计重点予以明确。

施工招标阶段主要工作成果：施工技术要求，一般是指对工程设计中所有涉及的材料、做法和施工工艺的要求和相关标准；施工图设计施工答疑文件。

2.2.6 项目施工阶段

在项目施工阶段,设计方除了应及时解决施工过程中出现的设计问题以外,还应定期对项目施工现场进行巡查,发现并解决施工中出现的与设计不符等问题,并出具巡场报告。配合建设方和施工方完成设计变更和施工洽商。在项目施工完成后,参与消防验收及施工竣工验收,并填写验收单。

施工阶段主要工作成果:设计施工现场巡场报告、设计变更单、施工洽商单、消防验收单、竣工验收单。

CHAPTER

3

第 三 章

商业地产室内设计
动线与店铺规划

3.1 商业室内动线

什么是商业室内动线？动线，对于建筑设计来说，就是人相对于建筑室内外行动的轨迹组成。商业室内动线，就是顾客在商业空间内的行动轨迹组成。商业室内动线的设计需要遵循可见性、可达性、体验性三个基本原则。

3.1.1 可见性

对于商业地产项目的室内而言，可见性就是顾客活动于商业体内所能看到的商铺的程度。一个商铺越容易被看到、被看到的机会越多，就说明其位置越好、价值越大。由此可见，可见性是商业室内设计中的一项非常重要的内容。所以，在商业室内设计中，要尽量提高整个商场内商铺的可见性，这也是绝大部分购物中心会牺牲大量的出租面积做共享大厅的原因之一，因为共享大厅的设置可以大大地增加各层商铺的可见性（图 3-1~ 图 3-4）。

图 3-1 位于共享大厅中的店铺的可见性

图 3-2 环绕共享大厅的各层店铺的可见性（俯视）

图 3-3 共享大厅中同层店铺及上层店铺的　图 3-4 公共走道两边店铺的可见性
可见性（仰视）

3.1.2 可达性

　　对于商业室内来说，可达性就是顾客到达店铺的容易程度。顾客越容易到达的店铺，其商业价值就越高，所以可达性对商业设计来说也是十分重要的内容。可见性与可达性并非只在二维模式下产生相互关联，在三维、四维模式下的关联性也要考虑（图 3-5~ 图 3-8）。

图 3-5 横跨共享大厅的连桥，极大地增加了购物中心两边店铺的可达性

图 3-6 自动扶梯对增加购物中心各层店铺的可达性的作用明显

图 3-7 共享大厅的多部扶梯大大增加了各层店铺的可达性

图 3-8 跨越多层的自动扶梯使高层店铺的可达性大幅度提高

3.1.3 体验性

体验性是指顾客在动线行动中的心理感受，如自然性、舒畅性、丰富性、秩序性等，还有位置感、记忆点等因素也是体验性的重要体现。购物中心的体验性如何，直接影响购物中心的形象和商业氛围，还会影响顾客对购物中心的认可度和购物过程的愉悦感，从而影响购物中心的销售业绩。

◆ 自然性：指顾客在购物行走过程中受到自然引导，使顾客在动线上的移动与购物行为浑然一体（图 3-9、图 3-10）。

◆ 舒畅性：指顾客在购物行走过程中比较通畅，没有生硬的阻塞，有明确、舒畅的动线，从而提高购物效率，避免对顾客的购物过程产生消极影响（图 3-11）。

图 3-9 曲折的顶部造型与地面呼应，强调动线的自然属性

图 3-10 圆弧形的地面装饰与空间协调，引导出自然的商业动线

图 3-11 动线的舒畅性在人流集中的公共区域尤为重要

图 3-12 丰富的动线环境可以让顾客缓解购物疲劳且乐享其中

◆ 丰富性：指顾客在购物行走过程中是否得到了丰富、有趣的体验，而不是单一、枯燥的体验，丰富的购物环境不但能提高对顾客的吸引力，还有助于顾客保持愉悦感和兴奋度（图 3-12、图 3-13）。

◆ 秩序性：指顾客在购物行走过程中的感受是有序的，而不是杂乱无章的，秩序清晰的动线更能使顾客将注意力集中在店铺和商品上，从而提高转化率（图 3-14）。

图 3-13 丰富的立面是主题街区和场景化的重要组成

图 3-14 秩序感强的商业动线使人感到清爽、舒服

◆ 位置感：指顾客在购物行走过程中能较为清晰地感受到自己所处的位置，不至于迷失方向，也利于顾客寻找店铺或商品，提高购物效率（图3-15、图3-16）。

◆ 记忆点：指顾客在购物行走过程中能产生较为深刻的印象的地点，这些记忆点或是装修造型，或是特色景观，或是艺术作品……所有记忆点的汇集也是顾客对购物中心的记忆感受（图3-17~图3-19）。

另外，购物中心的动线长度也会影响顾客的心理感受。过短的动线会使顾客缺乏兴趣，而过长的动线会让顾客产生疲劳感，所以购物中心单层主动线的长度宜在250～350m，如果购物中心单层建筑面积较小，可以采取设计手段增加动线长度（如将动线设计为折线或曲线）；如果购物中心的体量和单层面积过大，则需要在动线中设置休息区、景观区或其他吸引顾客的场景来缓解顾客的疲劳感。

3.1.4 商业室内动线的布置方式

商业室内动线设计要根据商业入口位置、建筑形态、建筑面积、商业业态、建筑层高、消防规范等诸多设计条件进行。所以，室内动线的设计并不只是设计师对空间艺术的理解和设计理念的单纯表达，而是综合各个商业关联因素，依据完整、连贯的设计逻辑，进行理性推导的结果。

图3-15 大体量的造型独特的连桥位置感极强

图3-16 区域性的景观或顶部装饰也是传达位置感的一种方式

图3-17 公共空间中特点突出的造型能形成明确的记忆点

图 3-18 人物雕塑等艺术作品
也能形成记忆点

图 3-19 奇特的事物往往能成为令人印象深刻的记忆点

　　商业室内动线大致可以分为这几种平面形式：直列式（图 3-20）、回转式（图 3-21）、矩阵式（图 3-22）、放射式（图 3-23）。除此之外，还有一种非常规式（图 3-24）。

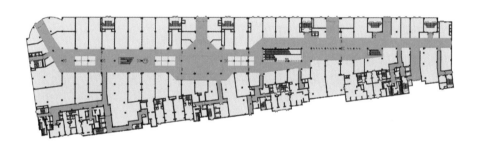

图 3-20 日照凯德新天地购物中心的直列式动线，
适合狭长的建筑平面，但也能看出设计对空间形
态变化的追求

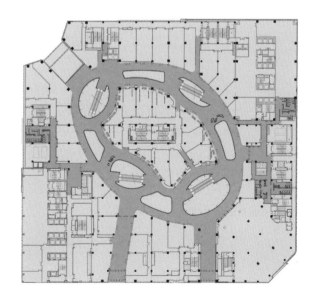

图 3-21 长沙滨江国际购物中心用回转式动线解决
方形建筑平面的大进深问题，成系列、多形态的
共享大厅串联成环形动线

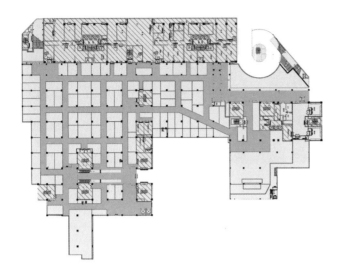

图 3-22 北京合生·麒麟社的矩阵式动线，基于拟定的业态特性，旨在打造别具一格的购物环境

图 3-23 大连和平广场的放射式动线连通各个主要客流方向，形成不同的主题商业区

图 3-24 北京亦庄创意生活广场的非常规式动线，抵消了内外弧动线对顾客购物过程的消极影响

3.2 商业动线与建筑和环境

　　商业室内动线设计的出发点，要从建筑周边环境、建筑入口、建筑的平面和空间条件入手。

　　针对建筑周边环境和建筑入口设计商业动线，就是要分析建筑周围驳接的城市道路和主要人流方向，以此来设计主要动线的走向以及次要动线的配置（图3-25）。

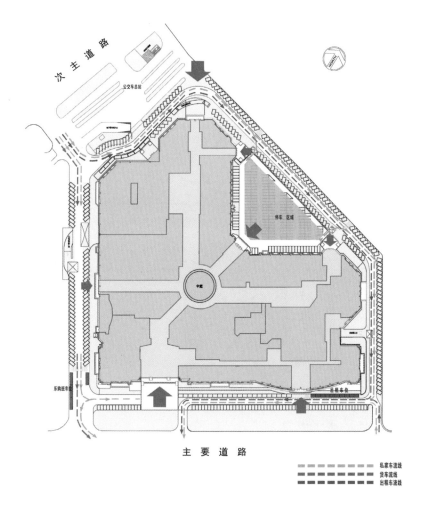

图 3-25 大连和平广场根据主要道路、次主道路、公交车总站、主地面停车场等因素设置的商业动线

　　针对建筑平面设计商业动线，就是要根据建筑平面的形状和特点进行动线设计，以串联整个商业空间，使其具有流动性和通畅性，不留空间死角（图3-26）。

　　针对建筑空间设计商业动线，是指要分析建筑的空间特点并加以利用，如高度、宽度等，根据商业逻辑进行动线的合理设计（图3-27~ 图3-29）。

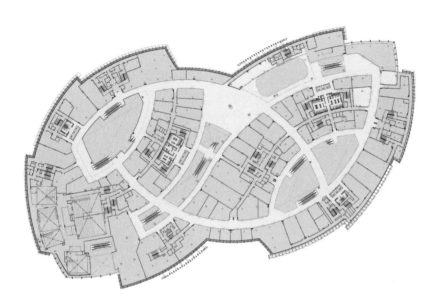

图3-26 大连恒隆广场根据建筑的平面形式所做的针对性动线设计，既丰富有趣，又有效地串联了建筑平面的各个区域

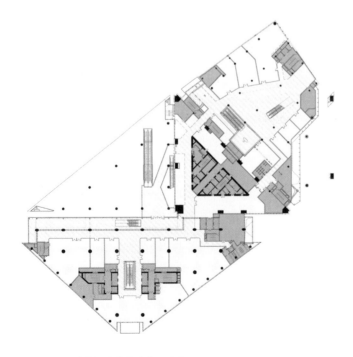

图3-27 上海世茂广场的室内外商业动线

图 3-28 上海世茂广场颇具特点的室外空间

图 3-29 上海世茂广场的室内空间

3.3 动线与店铺

3.3.1 店铺及其设置划分

购物中心的商铺也称为商户、店铺，是购物中心里实现商业消费行为的场所，也是购物中心的核心内容。所以，商铺的划分对购物中心来说十分重要。商铺单元的划分要从以下几个方面考虑。

第一，根据业态考虑。不同的业态经营性质有不同的位置和面积要求，也具有不同的面宽、进深适应性。这里所谓的"面宽"是指商铺沿公共走道展开的平面、立面宽度；而"进深"是指商铺内部垂直于公共走道的长度。比如，餐饮业态一般面积较大（含有后厨操作区域），其平面形状适应性较强，可以承受较小的面宽和较大的进深；而一般的零售业态则希望面积适中，更喜欢较大的面宽展示，进深也不宜过大，一般商铺面宽进深比不超过 1 ： 2.5。

第二，根据楼层考虑。在购物中心首层、二层等较好的楼层，一般布置影响力比较大的品牌，划分的商铺面积会相对较大；而在条件较差的楼层，可能小品牌居多，划分面积相对较小。

第三，根据楼层中的平面位置考虑。一般来说，在楼层中比较靠近中心的区域，每个商铺面积可相对小一些，这样可以设置更多的商户，也有利于提高坪效。而楼层中比较靠近边缘的区域宜设置比较大的商铺，这样更容易解决商业死角问题。

第四，根据店铺类型考虑。主力商铺一般面积较大，如影院、家居店，还有一些快时尚品牌等，而一些非主力店面积较小。

以西安大悦城的平面图为例（图 3-30~ 图 3-32），图中主力店和次主力店以绿色标示，餐饮店以橘黄色标示，普通零售店铺以灰色标示，从中可以看出商铺规划的合理性，商铺的划分充分考虑了楼层、业态、平面位置等诸多商业因素。

由于购物中心的招租时期多数在建筑和室内设计之后，所以，应在建筑和室内设计开展初期，就进行相对准确、有实施性的商业规划设计，以保证设计、施工的有效进行，避免反复调整带来的成本叠加。另外，为了增强商铺单元的适应性，提高招商的灵活性，并尽量减少因招租商铺而带来的工程改造，可以有针对性地减少店铺的租赁单元面积。如果遇到有大面积需求的商户，可以将两个或几个租赁单元合并出租。

图 3-30 西安大悦城一层平面图

图 3-31 西安大悦城二层平面图

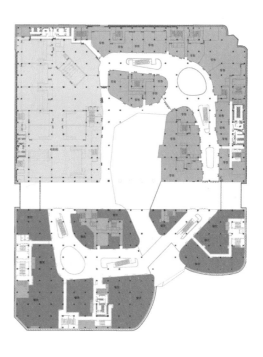

图 3-32 西安大悦城三层平面图

3.3.2 动线与商铺的关系

动线与商铺之间的关系是一种有机的、相辅相成的关系。从一方面讲，动线是串联起所有商铺的纽带和链条；而从另一方面讲，是所有商铺围合形成了动线。动线的设计在很大意义上决定了商铺的价值。所以，在既有的建筑平面条件下，如何通过动线的梳理尽可能地扩大有效的出租商铺面积，或者在商铺面积接近的情况下尽可能地提升商业价值，是商业地产设计中非常重要的一个环节。

要处理好动线与商铺的关系需要遵循以下几个原则。

（1）动线要顾及各个楼层、区域的商铺性质，应根据不同楼层的特点和商铺的业态特征进行动线设计，包括动线形态、宽度等。比如，在购物中心首层，规模较大的零售业态的商铺较多，且人流量较大，宜设计较简洁、宽敞的动线；而以小商铺为主的楼层或以小零售、小餐饮为主的区域，可以将动线设计得较窄，变化较多，提升亲切感和体验的丰富性（图3-33、图3-34）。

（2）动线要对商铺的形态进行指导性规划，确定动线涉及的商铺的形象类型（颜色、风格等），是否开敞，甚至店铺中柜台和货架的高度，等等（图3-35、图3-36）。

（3）商铺沿动线布置时，要充分考虑商铺业态的关联性，既要形成一定的商业氛围，又要考虑商业的互补性和延伸性（图3-37、图3-38）。

图3-33 宽敞、简洁的动线空间更能体现出奢侈品店的品质追求

图3-34 小尺度、多变化的动线可以给顾客带来丰富、亲切的体验

图 3-35、图 3-36 根据动线的需要设置封闭或开敞的店铺，应是招商及店铺控制的重要原则之一

图 3-37、图 3-38 动线对关联业态的组织——销售同类型或同系列商品的店铺通过动线进行联系

3.4　动线与空间

　　商业动线与建筑空间的关系亦十分紧密，但这种关系往往在设计时被各个方面忽略。商业建筑空间本身的高低和开敞度不同，在设计商业地产室内动线时应对此进行充分的分析、考虑，并依此进行设计。

　　◆ 空间开敞：开敞的商业空间，一般来说其动线设计应较为简洁，尺度较大，以突出其空间特点（图 3-39、图 3-40）。

　　◆ 空间低矮：相对低矮的商业空间，动线设计应尺度较小，契合其亲切、舒适的氛围（图 3-41、图 3-42）。

图 3-39

图 3-40

图 3-41

图 3-42

3.5　动线与商业诉求

商业动线的设计还与商业项目的类型有关，不同类型的购物中心，其顾客的消费诉求不同，所以其商业动线的设计处理也不同。

◆ 社区型购物中心：社区型购物中心面积相对较小，商铺面积也相对较小。客户群体以周边区域常住居民为主，以满足日常生活为消费诉求，所以在设计动线时，要体现出其亲民性，以较小的动线尺度带来亲切感和生活的烟火气（图 3-43、图 3-44）。

◆ 旅游性购物中心：作为旅游目的地的购物中心，其目标客户多是旅游观光客，所以其商业动线应更加侧重丰富性，要串联更多的商铺（图 3-45、图 3-46）。

◆ 高档购物中心：相对高档的购物中心，其特点是顾客具有较高的购买力和购物体验需求，商业项目内配有高端品牌商铺，因此，动线设计应当相对简洁，留有更多的公共空间，并在动线中设置更多的景观、设施，营造与商铺、商品相匹配的购物环境（图 3-47、图 3-48）。

图 3-43 小尺度动线空间带来自然、舒适的感受

图 3-44 社区型商业即使有挑高的空间，也应保持亲切的尺度感

图 3-45 曼谷暹罗天地丰富的动线充分地展示了店铺和琳琅满目的商品

图 3-46 阿联酋朱美拉古堡市场的旅游特性也非常明显

图 3-47　K11 购物中心

图 3-48 北京王府中环购物中心

3.6　动线与消防

商业动线的设计中非常关键的一点是必须要满足消防设计规范的相关要求。更加准确地说，商铺和公共走道的设计，要在满足消防设计规范的前提下，设法实现更大的商业价值。这一点往往是商业地产设计的痛点，即建筑和室内设计机构对商业理解不够，而商业策划、招商、运营的团队对设计和消防基本概念又了解甚少。因此，在实际项目的实施过程中会出现大量的工作反复，严重影响项目的进度，造成项目实施成本的大幅增加和浪费。

由于进行室内设计时，大多数建筑设计已经完成或建筑施工已经完成，因此，各个楼层的疏散楼梯和安全出口的位置、数量、宽度等已经形成限制，所以，在设计商业动线时要遵循建筑的消防设计原则，不能有悖于原有的消防设计逻辑。

商业动线设计中涉及消防要求的相关问题需要特别注意，主要有以下三个方面。

（1）尽量不要改变建筑原有的防火分区，如果不得不对防火分区进行调整，则必须满足每个防火分区面积、安全出口数量等规范要求，见表3-1。

（2）商业动线的设计必须满足防火规范关于疏散距离的要求。

如果店铺按房间考虑，一般情况下，若店铺位于两个安全出口之间，其房间疏散门至最近的疏散安全出口的直线距离不应大于40m；而如果店铺位于袋形走道两侧或尽端，其房间疏散门至最近疏散安全出口的直线距离不得大于22m（高层建筑不得大于20m）。如果建筑物内全部设置喷淋灭火系统，其安全疏散距离可增加25%（图3-49、图3-50）。

如果店铺按营业厅考虑，则室内任意一点至最近疏散门或安全出口的直线距离不应大于30m；当疏散门不能直通室外地面或疏散楼梯间时，应采用长度不大于10m的疏散走道通至最近的疏散安全出口。当该场所设置喷淋灭火系统时，室内任一点至最近疏散安全出口的安全疏散距离可增加25%（图3-51）。

表 3-1 不同耐火等级建筑的防火分区的最大允许建筑面积

名称	耐火等级	防火分区的最大允许建筑面积（m²）
高层民用建筑	一、二级	1500
单、多层民用建筑	一、二级	2500
	三级	1200
	四级	600
地下或半地下建筑（室）	—	500

注：1. 表中规定的防火分区最大允许建筑面积，当建筑内设置自动灭火系统时，可按本表的规定增加 1.0 倍；局部设置时，防火分区的增加面积可按该局部面积的 1.0 倍计算。2. 裙房与高层建筑主体之间设置防火墙时，裙房的防火分区可按单、多层建筑的要求确定。

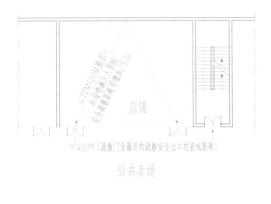

图 3-49

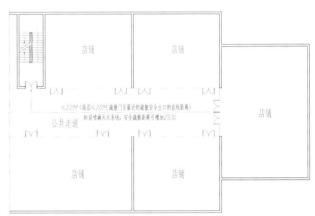

图 3-50

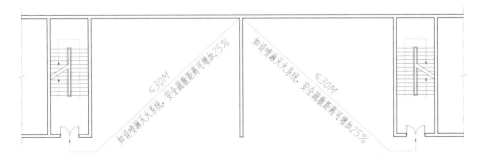

图 3-51

（3）商业动线的设计必须满足防火规范关于疏散宽度的要求。

一般来说，按照我国的防火规范，疏散走道和疏散楼梯的各自总净宽度，应根据疏散人数按每 100 人的最小疏散净宽度不小于表 3-2 的规定计算确定。当每层疏散人数不等时，疏散楼梯的总净宽度可分层计算，地上建筑内下层楼梯的总净宽度应按该层及以上疏散人数最多一层的人数计算；地下建筑内上层楼梯的总净宽度应按该层及以下疏散人数最多一层的人数计算。

而购物中心的疏散人数应按每层营业厅的建筑面积乘以表 3-3 中规定的人员密度计算。

表 3-2 每层疏散走道、疏散安全出口、疏散楼梯和房间疏散门的每 100 人最小疏散净宽度（m/ 百人）

建筑层数		建筑的耐火等级		
		一、二级	三级	四级
地上楼层	1～2 层	0.65	0.75	1.00
	3 层	0.75	1.00	—
	≥ 4 层	1.00	1.25	—
地下楼层	与地面出入口地面的高差 ≤ 10m	0.75	—	—
	与地面出入口地面的高差 > 10m	1.00	—	—

表 3-3 商店营业厅内的人员密度（人 /m²）

楼层位置	地下第二层	地下第一层	地上第一、二层	地上第三层	地上第四层及以上各层
人员密度	0.56	0.60	0.43～0.60	0.39～0.54	0.30～0.42

3.7 动线与商业平面布局

现代购物中心的体量越来越大，购物中心的整体进深也越来越大。为了保证顾客的购物体验并提高店铺的商业价值，购物中心整体和各个区域的进深不同，其动线及商业布局设计也不同。一般分为以下几种模式。

单廊式。购物中心整体进深或购物中心中某个区域进深不大时，宜采用单廊式布局，即在一条公共走道的两边设置店铺。这样可以在保证店铺合理的面宽进深比的情况下，尽量减少公共走道面积，提高出租效率。当公共走道较宽时，还可以在走道中间设置休息座椅和景观（图3-52、图3-53）。

双廊+中岛式。购物中心整体进深或购物中心中某个区域进深较大时，宜采用双廊+中岛式布局，即用两条公共走道连接周边所有店铺（边店），两条公共走道之间设置开敞型的低矮店铺。这样可以避免边店进深过大，还可以丰富购物中心公共空间的视觉感受。设计时也可以将休息区、商业景观等与中岛店铺结合设置，体验会更好（图3-54、图3-55）。

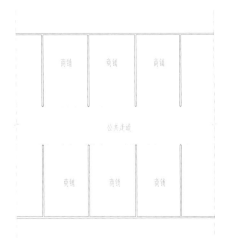

图3-52 单廊式公共走道

图3-53 单廊式公共走道加景观、休息区

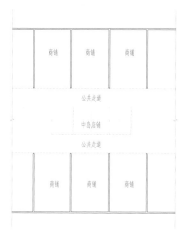

图 3-54 双公共走道加中岛店铺

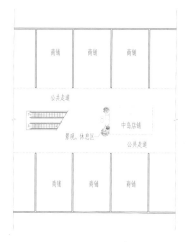

图 3-55 双公共走道加中岛店铺及景观休息区

环双廊 + 中岛式。有的购物中心整体进深非常大，只设置两条公共走道的话，公共走道之间的区域面积还是很大。在这种情况下，宜采用环双廊 + 中岛式，即在购物中心动线上设置两条平行的环形公共走道，并在两条公共走道之间设置中岛店铺及休息区、景观等丰富多彩的内容（图 3-56、图 3-57）。

现代的大型购物中心，多采用后两种布置方式，也可能在同一购物中心的不同区域内采用各种不同的布置方式，实际项目中还要根据项目具体的平面形态、商业诉求、业态布局等选择最适合的方式进行设计。

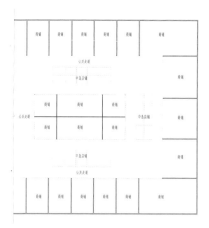

图 3-56 环形双公共走道加中岛店铺

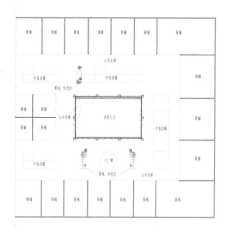

图 3-57 环形双公共走道加景观、休息区、共享大厅、小广场及中岛店铺

CHAPTER

4

第 四 章

购物中心室内
重点部位设计

4.1 购物中心公共走道

4.1.1 购物中心公共走道的定义

购物中心的公共走道是指顾客在购物中心进行消费行为时使用的通道，是购物中心动线在空间中的具体体现。购物中心的公共走道除了满足顾客的消费行为需要以外，一般还要承担人员疏散功能。

4.1.2 购物中心公共走道的要素

购物中心公共走道的要素主要有以下几个方面：平面布局、空间效果、商业管理需求。

◆ 平面布局：合理规划走道的平面形态，串联起所有店铺和垂直交通节点，解决商业的可视性、可达性问题，同时保障动线的自然性和舒畅性。

◆ 空间效果：通过顶、地、立面等空间设计体现商业诉求，满足顾客的感官需求，营造商业动线的丰富性、位置感、秩序感，产生商业识别性。

◆ 商业管理需求：在设计购物中心的公共走道时，还要考虑商业管理要求和经营销售的需求，如引导标识、广告灯箱、清扫和临时电源等（图 4-1~图 4-3）。

图 4-1 引导标识   图 4-2 广告灯箱   图 4-3 临时电源

4.1.3 购物中心公共走道的设计原则

购物中心的公共走道主要由其高度、宽度、长度等方面限定，其中，高度和宽度是第一限定要素，而长度是随着整体建筑商业动线形成的，同时也对走道的宽度和高度有一定的影响和要求。

（1）公共走道的高度：根据购物中心一般性规模的空间感受需要，通常首层公共走道的吊顶高度不低于 3.5m，二层以上公共走道吊顶高度不低于 3m。如果受到建筑结构和机电设备的影响确实有困难，可以将吊顶高度控制为首层公共走道吊顶高度不低于 3m，二层以上走道吊顶高度不低于 2.7m。如果商业动线的直线距离过长，则其走道的吊顶高度也应适当增加。

（2）公共走道的宽度：根据购物中心一般性规模的空间感受需要，首层公共走道宽度以 3.5~5.5m 为宜，二层以上公共走道宽度以 3.2~5m 为宜。若公共走道过窄，会影响动线的通行能力和消防疏散宽度；若公共走道过宽，不但会浪费宝贵的商业经营面积，还会减少公共走道两边商铺的互动性，影响整体的商业氛围。如果商业动线的直线距离过长或商业动线呈曲线，则其公共走道的宽度也应适当增加。另外，购物中心的公共走道宽度也应当根据购物中心的商业定位、消费诉求、经营业态而进行合理的调整。

（3）公共走道的宽度和高度也需要有相宜的比例关系（特殊的空间场景设计要求除外），应避免走道"窄而高"或"宽而低"的情况出现（图 4-4）。

图 4-4 高宽比失调的公共走道会给人带来压迫感

4.1.4 购物中心公共走道的分部设计

购物中心公共走道的吊顶（顶面）

（1）公共走道吊顶设计

公共走道吊顶是购物中心空间表现的重要界面，是表现购物中心商业氛围的重要元素，因为吊顶不像地面经常会被人群遮挡，所以其对走道空间的实际影响会更大。购物中心公共走道吊顶设计要解决以下几方面的设计问题。

◆空间氛围的营造：通过对公共走道吊顶的造型、材料的设计，其与地面、立面一起形成符合商业诉求的商业公共空间（图4-5~图4-9）。

图4-5 上海·BFC外滩金融中心吊顶的凹凸金属板造型体现出时尚意味

图4-6 运动区域富有动感的灯具造型与文字造型相匹配

图4-7 儿童主题区的吊顶造型设计成孩子们易于感受的树木、果实造型

图4-8 迪拜购物中心吊顶的地域性特色给顾客带来印象深刻的旅游购物体验

图4-9 暹罗天地的局部吊顶设计，民族特色明显，呈现出强烈的旅游场景

◆ 导向性：公共走道吊顶的材料、造型、颜色等的变化，可以加强商业动线的导向作用（图4-10）。

◆ 关联性：购物中心的公共走道通常都与入口门厅和购物中心内的共享挑空大厅相连，所以在设计时，需要考虑造型、材料等方面的过渡和关联性（图4-11、图4-12）。

图 4-11 公共走道吊顶的弧形造型与入口门厅贯通

图 4-10 北京颐堤港购物中心公共走道吊顶的造型处理体现出明显的导向性

图 4-12 公共走道吊顶造型与共享大厅及入口统一处理，空间的整体感极强

随着商业地产产业的不断发展，其公共区域的装修设计也发展得很快，而吊顶的设计更是丰富多彩。目前，通用的设计形式大致分为封闭型吊顶设计、半封闭型吊顶设计、裸露型顶部设计三种主要类型。在实际设计实施中也会出现不同的类型混合使用的情况。

封闭型吊顶设计，是指吊顶设计采用装饰材料将吊顶上下空间进行封闭性的隔离，使顾客看不到空间顶部的建筑结构构件和机电管线管道及设施。其优点是可以使整个空间显得干净、整洁，空间的围合感强，整体性好；其缺点是空间会显得比较封闭，在吊顶高度比较低的情况下，会给人以压迫感，而且不利于顶部机电设备设施的维护和检修，所以需要有针对性地设置检修口或采用可开启式吊顶材料，如石膏板吊顶等（图 4-13、图 4-14）。

半封闭型吊顶设计，是指吊顶设计采用格栅吊顶或条栅吊顶的形式，使顾客在很多角度上看不到空间顶部的建筑结构构件和机电管线管道及设施。其优点是既能在一定程度上保障吊顶的整体性，又可以减少空间的封闭感和压抑感，且对顶部的机电管线管道、设施进行维护和检修相对容易；其缺点是日常保洁维护稍难，建设成本相对于封闭型吊顶稍高，且对施工工艺要求较高，还会在一定程度上增加运营时的空调负荷（图 4-15、图 4-16）。

纸面石膏板

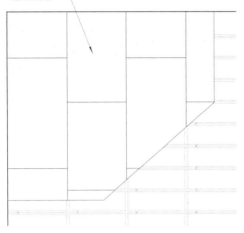

图 4-13 封闭型石膏板吊顶示意

图 4-14 阿联酋迪拜购物中心采用的封闭型石膏板吊顶是购物中心公共走道常见的做法

铝合金方格

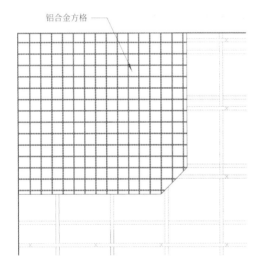

图 4-15 半封闭型金属格栅吊顶示意

图 4-16 半封闭型金属条栅吊顶应用于公共走道中会使空间产生方向性

　　裸露型顶部设计，是指在顶部机电设备管线以下不做任何装饰遮挡，顾客可以看到顶部的建筑结构构件、机电设备管线等设施。必须注意的是，顶部的灯具、喷淋、风口、广播等设施均须吊挂安装，且应安装在同一水平标高。当采用裸露型顶部设计时，顶部的建筑结构构件和机电设备设施、管道管线通常会进行同色的喷涂处理（黑色、白色或彩色），以加强顶部的视觉整体感。其优点是节省了吊顶装饰成本，非常便于机电设备的维护维修，能使低矮的空间有向上延伸的视觉感受，减少空间压抑感；其缺点是整体视觉效果会略显简陋，对顶部管道管线的施工要求较高（要求施工整齐、规矩），增加运营空调负荷。另外，对裸露的设施管线和建筑构件进行涂色处理，也需要一定的成本（图 4-17、图 4-18）。

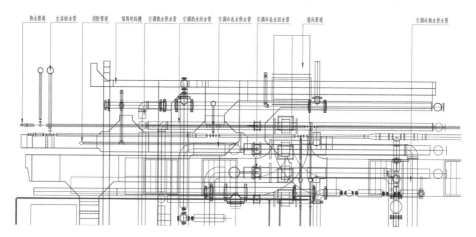

图 4-17 购物中心公共走道裸露型顶部管线示意

图 4-18 慕尼黑 Oberpolinger 高端商场采用的裸露型顶部设计手法，营造出很酷的空间环境

混合型吊顶设计，是指在设计吊顶时，出于对空间条件和设计理念的各种考虑，在同一空间内采用封闭型吊顶、半封闭型吊顶和裸露型顶部设计中的两种或两种以上的设计手法进行组合，以营造出丰富的顶部效果，这种组合式的处理手法在现代购物中心设计中也经常使用（图 4-19~ 图 4-21）。

图 4-19 香港海港城的封闭型公共走道吊顶配以局部半封闭型金属条栅，增加了空间变化

图 4-20 阿布扎比亚斯购物中心的公共走道采取的是封闭型吊顶与镂空采光窗混合处理方式

图 4-21 在封闭型石膏板吊顶下方再设置一层半封闭型金属条栅吊顶，也是一种混合吊顶的处理方式

　　以上几种处理方式的特点各有不同，在设计过程中要以不同的吊顶设计类型来表达设计理念，适应不同的商业诉求、商业业态和建筑结构空间高度。一般来说，建筑原始条件比较好（结构层高比较高）、商业诉求较为高端的商业项目采取封闭型吊顶设计，而建筑原始条件不理想（结构层高比较低）、商业诉求比较亲民或比较时尚的商业项目可以考虑采用半封闭型吊顶和裸露型顶部设计或混合型吊顶设计（图 4-22~ 图 4-24）。

图 4-22 宽敞高大的购物中心公共走道干净的封闭型石膏板吊顶

图 4-23 裸露型顶部和半封闭型吊顶会给人带来轻松、亲切的感受

图 4-24 台湾太平洋百货的具有时尚气息的方向性半封闭型吊顶

（2）公共走道吊顶的照明设计

购物中心公共走道吊顶的照明对购物中心的整体氛围和效果起着非常重要的作用。不同的商业体和商业体内部不同的商业空间，其照明设计的原则也不尽相同。根据不同的商业诉求，公共走道的平均照度要求一般在 300~600 勒克斯，有些购物中心追求的是不均匀照明，因此其公共走道的照度高低相差很大，甚至能达到两倍或以上。一般来说，购物中心公共走道的照度会低于商铺和商铺橱窗的照度，以使顾客的注意力能更多地放在店铺和商品上（有特殊环境要求的商铺除外）。灯具的布置既要考虑公共走道的照度控制，还要顾及走道吊顶的造型和材质规格要求，同时还要兼顾走道吊顶上的其他设备设施，如

喷淋、烟感、风口、广播等。对于公共走道照明的具体要求和设计要点，书中会在后面的章节进行进一步解读。

（3）公共走道吊顶的装饰材料设计

购物中心公共走道吊顶材料主要有石膏板、矿棉板、玻璃纤维板、金属板、金属格栅、硅酸钙板、玻璃纤维加强石膏板。

◆ 石膏板（主要为纸面石膏板）：

纸面石膏板是以石膏料浆为夹心，两面以纸作为护面的一种轻质板材，质地轻、强度高、防火、防蛀、易于加工。

主要规格：

长度：1500mm，2000mm，2400mm，2700mm，3000mm，3300mm，3600mm。

宽度：900mm，1200mm。

厚度：2mm，9.5mm，12mm，15mm，18mm 等。

◆ 矿棉板：

矿棉板一般指矿棉装饰吸音板，主要以矿物质纤维为原料，加入其他添加物经高压蒸挤切割制成，不含石棉，防火吸音性能好。表面一般有无规则孔（俗称"毛毛虫"）或微孔（针眼孔）等，表面可涂刷各种色浆（出厂产品一般为白色）。矿棉板最大的特点是具有很好的隔音、隔热效果。

主要规格：600mm×1200mm，600mm×600mm，300mm×600mm。

◆ 玻璃纤维板：

玻璃纤维板也称玻璃纤维隔热板、玻纤板、玻璃纤维合成板等，由玻璃纤维材料和高耐热性复合材料合制而成，不含对人体有害的石棉成分，具有较强的机械性能、介电性能，以及较好的耐热性和耐潮性，兼具良好的可加工性，可以定做大尺寸和异形规格是其显著的优势。

主要规格：600mm×1200mm，600mm×600mm，300mm×600mm，300mm×1200mm 等。

厚度：15mm，20mm，25mm。

◆ 金属板：

金属板的材料主要有铝、钢、铜、不锈钢等，其特点是耐用性好、易于清洁、防火、防潮、平整度佳、耐冲击性好。金属板的装饰效果突出，还可以进行穿孔、凹凸、腐蚀、表面喷涂等处理，是现代设计师非常喜爱的装饰材料之一。

金属板的规格完全可以按设计定型加工，其板厚根据材料和板幅尺寸而定。

◆ 金属格栅：

金属格栅以铝格栅为主，具有通透性好、线条明快整齐、层次分明的特点，安装拆卸简单方便。

常见规格：50mm×50mm，75mm×75mm，100mm×100mm，125mm×1125mm，150mm×150mm，200mm×200mm等。

厚度：一般为0.4~0.8mm。

◆ 硅酸钙板：

硅酸钙板是以无机矿物纤维或纤维素纤维等松散短纤维为增强材料，以硅质 - 钙质材料为主体胶结材料，经制浆、成型，在高温高压饱和蒸汽中加速固化反应，形成硅酸钙胶凝体而制成的板材。这种材料防火、防潮、隔音、防虫蛀，且耐久性较好，是理想的吊顶装饰板材之一。

主要规格：600mm×1200mm，600mm×600mm，300mm×600mm。

◆ 玻璃纤维加强石膏板（GRG）：

玻璃纤维加强石膏板是一种经过特殊改良的纤维石膏装饰材料，造型的随意性使其成为追求个性化的设计师的首选，它独特的材料构成方式使其足以抵御外部环境造成的破损、变形和开裂。此种材料具有强度高、质量轻、不变形、不开裂、不可燃等特点，可制成各种平面板、各种功能型产品及各种艺术造型。

（4）公共走道吊顶的机电设置

在进行购物中心公共走道吊顶设计时，不仅要考虑商业氛围、设计造型的需要，还要考虑吊顶上必须设置的机电设施，主要包括自动灭火系统（喷淋）、火灾自动报警系统（烟感）、空调通风系统（送风口、回风口、新风口）、防烟和排烟设施（排烟口）、广播（背景音乐、消防广播）、疏散指示、应急照明、监控摄像、标识标牌、手机及无线局域网信号放大器等。

由于吊顶上设置的机电设施很多，又有相关的规范和参数要求，所以在装修设计时，需要将以上所有设施与照明灯具一起纳入吊顶造型设计之中进行统一规划，即绘制"综合吊顶图"或称"综合天花板图"，这样才能保障吊顶最终的呈现效果。尤其是设计规格单元吊顶时，如金属板、金属格栅、金属条栅、玻纤板等，采用的单元规格一定要考虑吊顶上喷淋点位的合规性和合理性（图4-25~ 图4-28）。

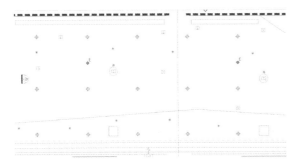

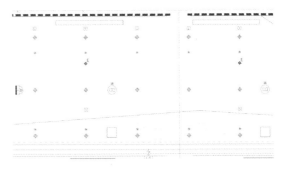

图 4-25 未进行综合设计的吊顶平面图   图 4-26 进行了综合设计的吊顶平面图会规整很多

图 4-27、图 4-28 有无进行综合设计的吊顶差别显而易见

（5）公共走道吊顶中的竖向管线综合设计

　　根据购物中心运营的需要，在一般情况下，各层的机电主管线都设置在公共走道吊顶内部，为了尽量多地获得公共走道的净高度，必须对公共走道吊顶内部进行精细的管线综合设计，以保证在便于维修维护的同时，尽可能地压缩其占用的空间，如图 4-29 所示。

图 4-29 通过精细管线综合设计的公共走道吊顶内部，不但减少了管线占用的空间，还可以使管线排布得清晰、有序且美观

（6）公共走道吊顶做法

目前，购物中心公共走道吊顶常用的做法主要有石膏板吊顶、矿棉板吊顶、金属板吊顶、金属格栅吊顶、金属条栅吊顶等。图 4-30~ 图 4-42 是几种主要吊顶的做法详图示意。

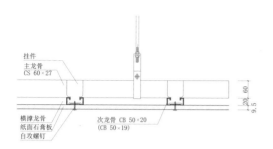

图 4-30 单层石膏板吊顶详图示意

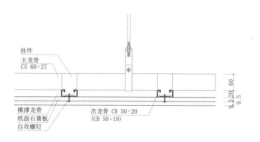

图 4-31 双层石膏板吊顶详图示意

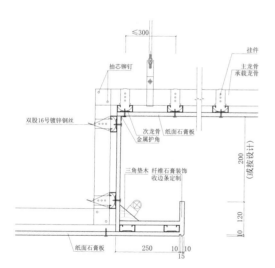

图 4-32 石膏板吊顶灯槽详图示意

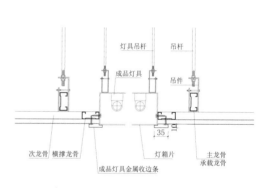

图 4-33 石膏板吊顶灯带详图示意

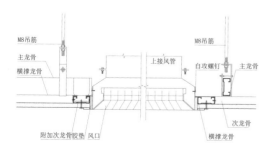

图 4-34 石膏板吊顶风口详图示意

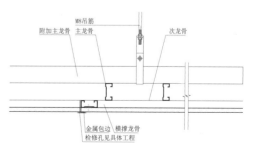

图 4-35 石膏板吊顶检修口详图示意

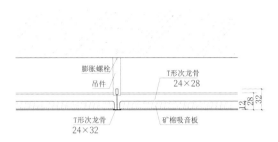

图 4-36 矿棉板明装龙骨详图示意

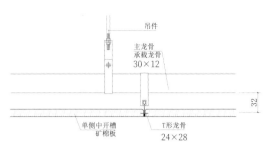

图 4-37 矿棉板隐藏龙骨详图示意

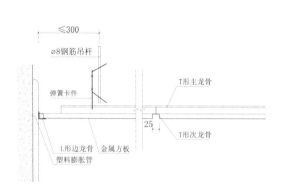

图 4-38 方形金属板吊顶详图示意

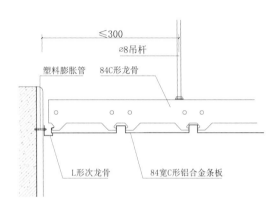

图 4-39 条形金属板吊顶详图示意

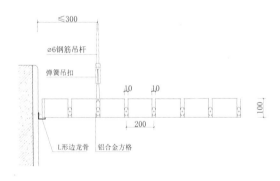

图 4-40 金属格栅吊顶详图示意

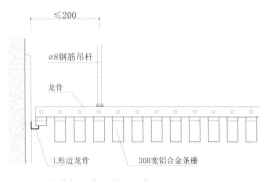

图 4-41 金属条栅吊顶详图示意

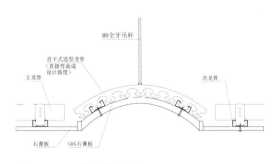

图 4-42 GRG 吊顶详图示意

购物中心公共走道的立面

购物中心的公共走道立面一般由两部分组成：一是商铺的立面，占据了公共走道的绝大部分面积；二是非商铺立面，主要是机电设备用房、机电管井、疏散楼梯间、消火栓和结构柱。虽然这些部位的立面在整个公共走道里面占比很小，但如果处理不好，会非常影响空间效果和商业形态。所以，在设计购物中心公共走道时，要结合平面店铺和动线的设计，尽量减少非商铺立面，以保持商业连续性并营造更好的商业氛围。

（1）购物中心公共走道立面设计

当设计购物中心公共走道立面时，不但要考虑使立面与吊顶、地面一起构筑良好的空间环境，还要营造连续的商业氛围，具体要遵循以下几个原则。

◆ 商业连续性原则

要尽量减少非商铺立面的占比，使商业氛围具有连续性。其中，非常有效的方法之一是尽量压缩非商铺空间的面积，使其退于租赁线后，或者加大商铺面积，将租赁线提前。这样，既可以尽量保障商业的连续性，又可以有效地增加租赁面积（图 4-43~ 图 4-46）。

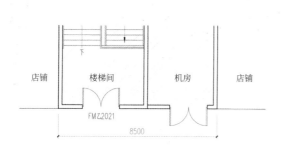

图 4-43 购物中心公共走道的店铺立面被楼梯间和机房阻断，严重影响了商业氛围

图 4-44 通过将店铺租赁线前移，调整楼梯间和机房开门的位置，大大减小了非商铺立面的宽度，降低其对商业氛围的不利影响

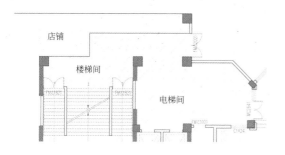

图 4-45 购物中心入口处被电梯厅占用，对商业氛围影响严重

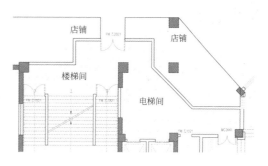

图 4-46 进行平面调整后，情况大有改善，并且增加了租赁面积

如果受建筑空间条件所限，确实无法减少非商铺区域的墙体立面，则可以考虑以下几种方式对非商铺立面进行设计，以达到丰富动线效果、优化商业氛围、提升商业品质、增加经济收益的作用。

a. 设置商业展陈区：既能丰富商业氛围，又可以为购物中心或商铺带来经济价值（图 4-47~图 4-49）。

b. 设置绿化、景观区：能有效提升商业品质（图 4-50~图 4-52）。

c. 设置休息区：为顾客提供休息区域，增加顾客在购物中心的逗留时间，从而带动购物中心的销售（图 4-53、图 4-54）。

d. 设置灯箱广告：灯箱广告是购物中心的营收和招商手段之一（图 4-55、图 4-56）。

e. 设置标识：标识系统越来越被购物中心所重视，是购物中心品质的重要表现（图 4-57、图 4-58）。

f. 设置展览：丰富购物中心的空间内涵，具有吸引顾客的作用（图 4-59）。

图 4-47 为走道对面店铺设计的展陈，既丰富了公共走道两侧的商业氛围，又扩大了对面商铺的商业外延

图 4-48 利用实体墙面为购物中心某一店铺增设的大型展示橱窗

图 4-49 将实体墙面设计为购物中心的展示橱窗

图 4-50 实体墙绿化设计与休息区相得益彰

图 4-51 实体墙面的绿化处理形成了区域性的主题景观

图 4-52 利用实体墙将绿化与休息座椅进行一体化设计

图 4-53 休息区与实体墙面结
合成场景

图 4-54 在通往公共卫生间的走道实体墙旁设置休息区，既满足了人
性化需求，又可以改善空间感受

图 4-55 购物中心入口的实体墙处设置的大型灯箱广告

图 4-56 在紧邻店铺的实体墙处设置广
告，与店铺形成整体，在视觉上扩大了
店铺规模

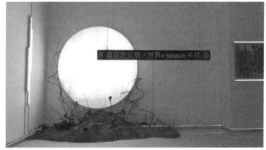

图 4-57 标识加强了场景的表达，丰富
了实体墙面

图 4-58 标识设计与景观的结合，使实体墙面不再枯燥

图 4-59 购物中心利用实体墙面布置的艺术
画展

◆ 从属性原则

购物中心的公共走道最主要的作用之一就是通过商业动线引导顾客更多地接触店铺和商品，所以，在公共走道立面设计中，要把握好设计尺度，对造型、材料、颜色等方面进行控制，一般会以简洁、干净的设计形态来烘托店铺和商品（图 4-60~ 图 4-62）。

◆ 场景化原则

目前，有些购物中心在公共区域或局部公共区域进行复杂的场景化设计，希望以有特色的、体验感丰富的购物场景来吸引顾客，其公共走道里面的设计则更多的是为了营造特殊的空间氛围（图 4-63~ 图 4-68）。

这种处理方式需要特别注意的是，场景化的装饰要与区域主题和店铺的经营密切结合。

图 4-60~ 图 4-62 购物中心的公共走道尽量不做过多装饰，将视觉舞台让给店铺和商品

图 4-63 北京朝阳大悦城"拾间"街区的南方小镇场景化立面

图 4-64 北京合生汇 21 街区的炫酷场景化公共走道

图 4-65 海口友谊·阳光城的"如梦令·梦回大唐"
古风场景装饰

图 4-66 长春的"这有山"场景化公共走道

图 4-67 澳门的"巴黎人"欧洲街道
场景化公共走道

图 4-68 吾悦广场的"民国 1927 风情街"场景化公共走道

◆ 规整化原则

购物中心公共走道的立面设计应尽量规整化（特殊的场景化设计除外），比如，当使用板材装饰材料时，要尽量使立面墙体或柱体的材料分缝在水平方向和垂直方向都整齐、有规律，尤其是在使用瓷砖等工业化定型装饰材料时（常用的瓷砖规格是 800mm、600mm 等）。如果初定的墙体（柱体）在水平尺寸或垂直尺寸上确实无法做到规整，则可以在不影响整体空间效果的情况下，对墙体（柱体）的水平尺寸和吊顶高度进行微调，以保证其规整性（图 4-69~图 4-72）。

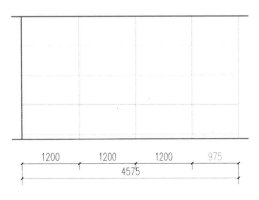

图 4-69 不规整的墙体水平尺寸

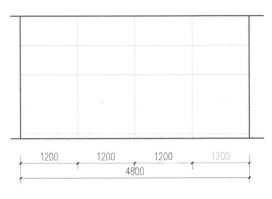

图 4-70 调整后规整的墙体水平尺寸

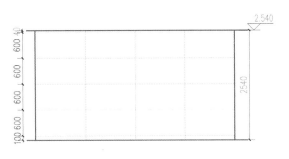

图 4-71 不规整的墙体垂直尺寸

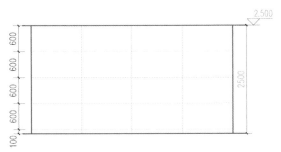

图 4-72 调整后规整的墙体垂直尺寸

注：以上调整均需在设计吊顶高度和隔墙平面时予以充分考虑。

　　购物中心公共走道立面上经常会设置消火栓、管井门、配电箱、风口等，所以在进行立面设计时，也要尽量考虑将其规整到立面的整体分缝之中（图 4-73~ 图 4-76）。而在立面采用定制尺寸装饰材料时，要尽量减少定制的规格种类，也要考虑立面的设备设施的位置和尺寸。如有必要，也可以在不影响空间效果的情况下调整墙体（柱体）的水平和垂直尺寸（图 4-77、图 4-78）。

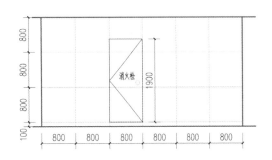

图 4-73 消火栓在立面中的规格化处理

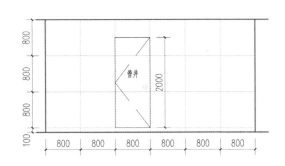

图 4-74 管井门在立面中的规格化处理

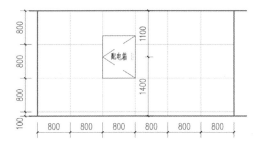

图 4-75 配电箱在立面中的规格化处理

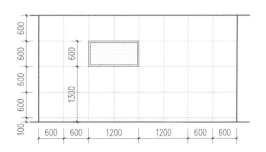

图 4-76 风口在立面中的规格化处理

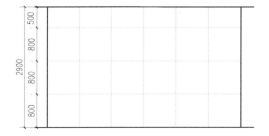

图 4-77 不规整的墙体水平尺寸

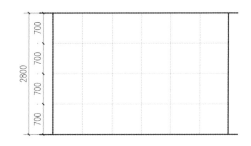

图 4-78 调整后规整的墙体水平尺寸

（2）购物中心公共走道的立面材料

购物中心公共走道的立面属于顾客人群经常触及的地方，所以采用的立面材料应具有易清洁、耐磨损和一定抗冲击性的特性。立面材料通常有石材、瓷砖、壁纸、涂料、金属板、安全玻璃等（图 4-79~ 图 4-84）。

图 4-79 石材　　　　图 4-80 瓷砖　　　　图 4-81 壁纸

图 4-82 涂料　　　　图 4-83 金属板　　　　图 4-84 安全玻璃

（3）购物中心公共走道的立面做法

购物中心公共走道的立面做法可以根据不同材料采用干挂、湿贴、喷涂等方式（图 4-85~ 图 4-92）。购物中心公共走道经常采用的石材和瓷砖有干挂和湿贴两种施工方法，这两种方法各有优缺点。

◆ 干挂法

施工方法：以金属挂件将饰面石材直接吊挂于墙面或空挂于钢架之上。

优点：降低因天然石材的各种缺陷而造成的脱落风险，明显提高建筑物的安全性能和耐久性，减少湿操作，不受施工环境影响。

缺点：干挂造价较高，一般为湿贴法的 2 ~ 3 倍。施工后的总厚度较厚，最小为 100mm，空间浪费较大。另外，干挂件较多时会增加建筑物的载荷。

综合考虑，干挂法一般适用于较大的空间或对商业环境品质要求较高的空间。另外，当材料尺寸较大时，建议使用干挂法。

◆ 湿贴法

施工方法：即选用合适的粘胶作为粘接材料的施工工艺。

优点：工程造价较低，湿贴的总厚度较小，一般不会超过 40mm，大大节省了空间。

缺点：粘贴前需将石材和瓷砖背网打磨干净，为了防止出现泛碱和水斑，做防水处理后方可铺贴。

基于节约空间和成本的考量，湿贴主要用于室内空间较小、材料尺寸不大、对空间品质要求不是很高的情况。

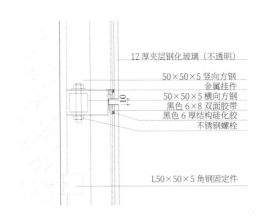

图 4-85 墙面干挂玻璃详图示意

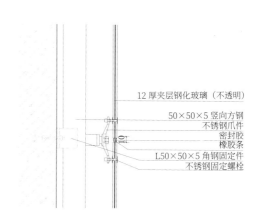

图 4-86 墙面点夹玻璃详图示意

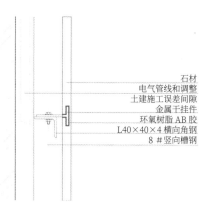

石材
电气管线和调整
土建施工误差间隙
金属干挂件
环氧树脂 AB 胶
L40×40×4 横向角钢
8＃竖向槽钢

图 4-87 墙面干挂石材详图示意

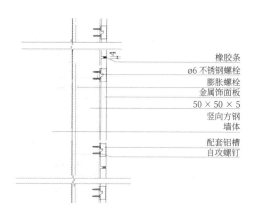

橡胶条
ø6 不锈钢螺栓
膨胀螺栓
金属饰面板
50×50×5
竖向方钢
墙体
配套铝槽
自攻螺钉

图 4-88 墙面干挂金属板详图示意

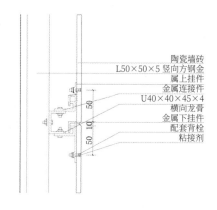

陶瓷墙砖
L50×50×5 竖向方钢金
属上挂件
金属连接件
U40×40×45×4
横向龙骨
金属下挂件
配套背栓
粘接剂

图 4-89 墙面干挂瓷砖详图示意

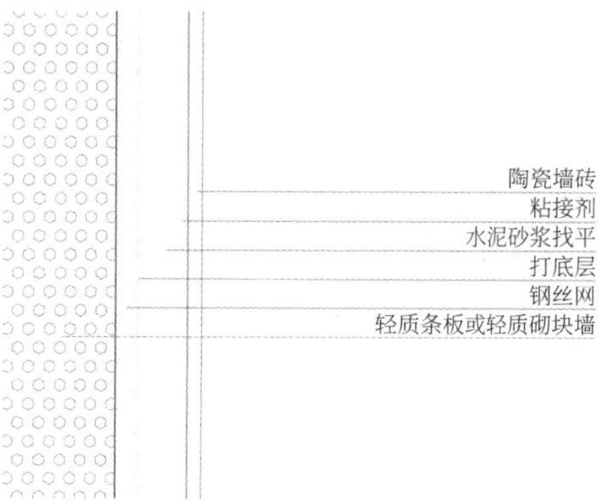

陶瓷墙砖
粘接剂
水泥砂浆找平
打底层
钢丝网
轻质条板或轻质砌块墙

图 4-90 墙面湿贴瓷砖详图示意

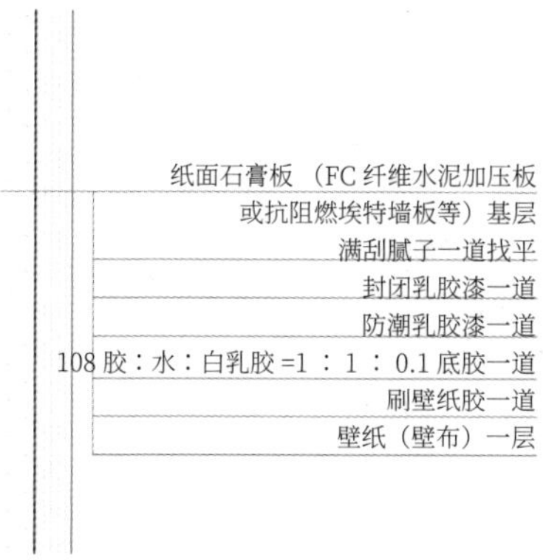

纸面石膏板（FC 纤维水泥加压板
或抗阻燃埃特墙板等）基层
满刮腻子一道找平
封闭乳胶漆一道
防潮乳胶漆一道
108 胶：水：白乳胶 =1：1：0.1 底胶一道
刷壁纸胶一道
壁纸（壁布）一层

图 4-91 石膏板墙体贴壁纸详图示意

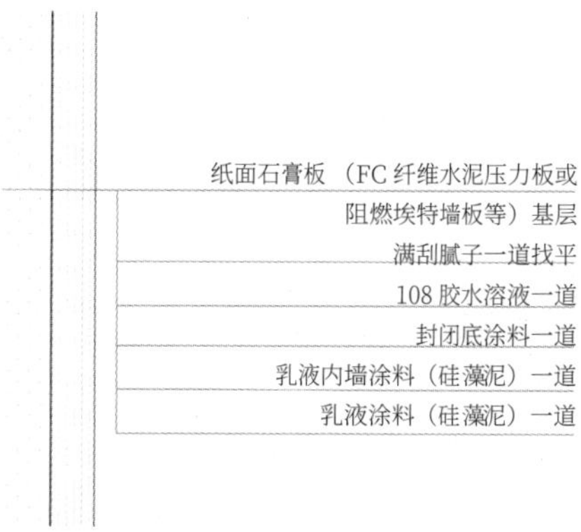

纸面石膏板（FC 纤维水泥压力板或
阻燃埃特墙板等）基层
满刮腻子一道找平
108 胶水溶液一道
封闭底涂料一道
乳液内墙涂料（硅藻泥）一道
乳液涂料（硅藻泥）一道

图 4-92 石膏板墙体刷涂料详图示意

购物中心公共走道的地面（楼面）

（1）公共走道地面（楼面）设计

　　公共走道地面是购物中心空间表现的重要界面，除了要满足顾客通过这一基本需求外，还要满足空间的装饰需求和动线的导向需求，更为重要的是，还应配合公共走道周边的商业诉求、商业业态及商业氛围（图4-93~ 图4-99）。

图4-93 极具装饰感的地面设计呼应着店铺和商品的华贵感

图4-94 社区商业空间的地面设计以亲民、耐用为主

图 4-95 运动卖品区地面的突出个性　　图 4-96 儿童产品售卖区地面的趣味性使孩子们乐享其中

图 4-97 餐饮区地面应关注其耐污性和易清洁性

（2）公共走道地面材料

购物中心公共走道的地面，除了要满足空间表现的需要，还要满足其重要的功能需要。购物中心公共走道是购物中心中人流覆盖最多的区域，所以，其材质必须具有耐磨、防滑、易清洁等特点。通常购物中心公共走道选用的材料有石材、地砖、人造石、水磨石、胶地板等，也有的项目出于设计的特殊考虑，选用强化木地板、刚性水泥地面的情况等。这些材料特性不同，呈现效果不同，也有不同的适用区域，设计师在设计过程中，一定要对各种材料的特性充分了解。

特别需要关注的是，一般购物中心的建筑耐火等级为一级或者二级，选用的地面装饰材料必须是不燃的，其耐火极限不得低于 1 小时。

图 4-98 地面材料的变化对就餐区域的限定

图 4-99 地面材料的变化对公共走道的导向性作用

（3）公共走道地面做法及构造设施

购物中心公共走道地面不同的地面材料有不同的施工做法，图4-100~图4-105为几种主要用材的工程做法图。

图4-100 石材　　　　图4-101 地砖　　　　图4-102 水磨石

另外，购物中心公共走道地面的不同材质之间的衔接处理也是应当关注的问题，最好用相应的金属边条构件进行衔接，既美观又能增加耐磨损性（图4-106~图4-110）。

图4-103 胶地板　　　图4-104 强化木地板　　图4-105 刚性水泥地面

购物中心的公共走道地面还有一些建筑构造设施也需要在室内装饰时予以处理，如伸缩缝、沉降缝（图4-111、图4-112）。

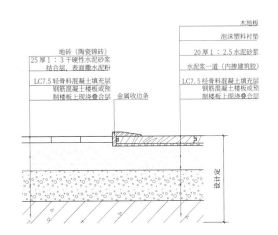

图4-106 瓷砖与木地板连接示意（一）

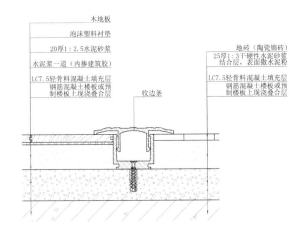

图4-107 瓷砖与木地板连接示意（二）

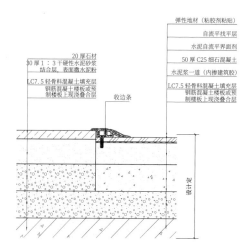

图 4-108 石材与木地板连接示意

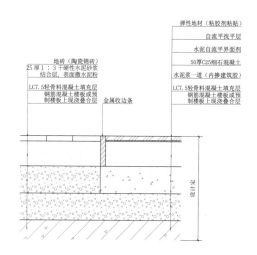

图 4-109 瓷砖与胶地板连接示意

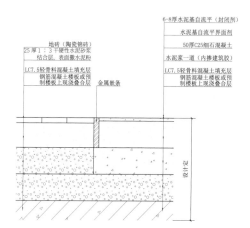

图 4-110 瓷砖与自流平地面连接示意

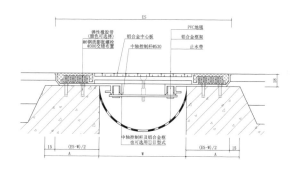

图 4-111 沉降缝构造示意（金属板）

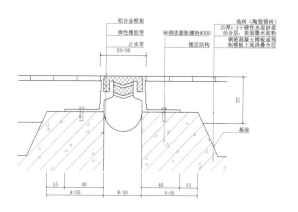

图 4-112 沉降缝构造示意（橡胶）

4.2　共享大厅与栏杆

4.2.1 共享大厅的定义

共享大厅，也称作共享大堂、共享空间、共享中庭、中庭等，是指建筑物内部的一种贯穿各个楼层的、通高的空间形式。自从 1967 年，约翰·波特曼在亚特兰大设计的海特摄政旅馆（图 4-113）中首次引入现代意义上的共享中庭建筑形式以来，共享大厅就开始在很多大型公共建筑中被广泛应用。而购物中心作为人员密集、流动性强的大型公共建筑，其对共享大厅的采用更加普遍。

图 4-113 海特摄政旅馆

4.2.2 购物中心共享大厅的要素

购物中心的共享大厅在购物中心的空间组织、商业氛围表达和动线设计中起到非常重要的作用，主要表现在以下几个方面。

（1）商业动线的汇集和对顾客人群的疏导

购物中心的共享大厅一般都是购物中心水平动线和垂直动线的连接、汇集点，垂直电梯（观光电梯）、扶梯通常也会设置在共享大厅，因此，共享大厅是人流最为集中的区域（图 4-114、图 4-115）。

图 4-114 Parque Toreo 商业综合体（墨西哥）的自动扶梯　　图 4-115 武汉汉街万达广场的观光电梯是空间的视觉焦点

（2）充分表达购物中心的商业诉求，形成购物中心的鲜明特点

　　购物中心室内的空间形象最主要的表现区域就是共享大厅，无论其装修、景观，还是其设置的展陈、吊挂，都能在此成为购物中心的特点，增强可识别性，同时强烈地表达其商业诉求，并直接地传递给顾客（图4-116~图4-119）。

图4-116 北京来福士购物中心共享大厅的装修设计，巨大的"钻石"造型极具识别性

图4-117 迪拜购物中心的大型水景是其最具传播性的特征

图4-118 北京大族广场共享大厅的吊挂装饰宣示其时尚诉求

图 4-119 加拿大西埃德蒙顿购物中心共享大厅里丰富的展陈，使空间更加热烈、多彩

（3）调节购物中心的空间形态感受

由于购物中心一般平层面积较大，其公共走道等公共区域受层高限制，给人的感受相对压抑，通高的共享大厅能使空间豁然开朗，很好地调节顾客在购物中心活动过程中的空间心理感受，增强愉悦感（图 4-120）。

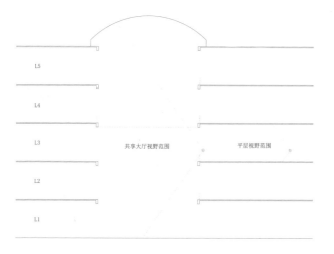

图 4-120 共享大厅带来的宽阔的空间感受

（4）提升周边店铺的商业价值

由于购物中心共享大厅区域的人流非常集中，所以其周边商铺的商业价值
会因此显著提升，为购物中心带来良好的租金收益（图4-121）。

（5）提高商铺可视性和可达性

一般购物中心共享大厅所占的面积较大，所以可以明显提高不同楼层商铺
及同层商铺的可视性与可达性（图4-122~图4-124）。

图4-121　共享大厅周边店铺的商业价值显著提升

图4-122　共享大厅同层及上层店铺的可视性（仰视）　图4-123　共享大厅同层店铺的可视性（俯视）

图 4-124 共享大厅同层店铺的可视性

（6）具有灵活性的使用价值

　　购物中心共享大厅一般不会设置固定商铺（防火规范对此也有限制），而是利用这一黄金位置举行阶段性或暂时性的宣传、展览、促销等活动，既能丰富购物中心的商业形态，还有利于保持顾客对购物中心的新鲜感，更能为购物中心带来可观的经济收益（图 4-125）。

图 4-125 共享大厅中的促销、展览、宣传活动

（7）改善购物中心的空气环境和视觉环境

　　一些购物中心的共享大厅设有采光屋面，大量的自然光照进购物中心，会给顾客带来犹如置身户外的良好视觉感受。而共享大厅顶部的采光屋面会在共享大厅形成温室效应和烟囱效应，所以需设置排风和新风装置，这样可以在一定程度上起到调节室内温度和提高空气新鲜度的作用（图4-126、图4-127）。

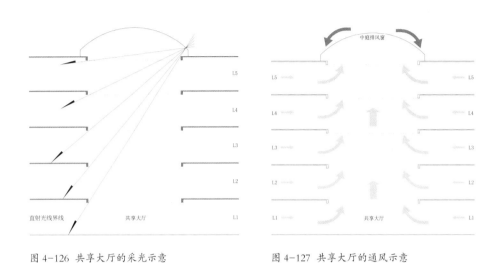

图4-126　共享大厅的采光示意　　　　　　图4-127　共享大厅的通风示意

4.2.3 购物中心共享大厅的设计原则

购物中心共享大厅的形式

　　购物中心共享大厅的形式随着时代的发展，从平面到垂直的形态逐步呈现多样化，以满足建筑平面和商业诉求的不同需要。购物中心共享大厅的形式根据平面形状主要可分为方形（矩形）、圆形（椭圆形）、梯形、平行四边形、自由曲线形、不规则形（图4-128~图4-132）。

图 4-128 矩形的共享大厅

图 4-129 椭圆形的共享大厅

图 4-130 自由曲线形的共享大厅

图 4-131 梯形的共享大厅

图 4-132 平行四边形的共享大厅

购物中心共享大厅的形式根据垂直空间形式主要分为以下几种。

◆ 齐平式：共享大厅的各层平面基本完全一致，是很多购物中心采取的空间形式（图 4-133）。

◆ 退台式：共享大厅从下到上（或从上到下）的各层平面的檐口依次后退，形成有规律的空间变化。这种方式使各层的视线开阔、良好，而且这种"看与被看"的体验感十分有趣，非常适宜布置餐饮业态（图 4-134、图 4-135）。

图 4-133 齐平式的共享大厅显示出的规整性

图 4-134 退台式的共享大厅形成的空间层次（一）

图 4-135 退台式的共享大厅形成的空间层次（二）

◆ 夹层式：在层高允许的情况下，在共享大厅某两层之间设置一个夹层来丰富共享大厅的空间效果（图4-136）。

◆ 交错式：共享大厅从下到上（或从上到下）的各层平面的形状不同，形成错落有致的变化（图4-137）。

在实际商业项目中还会出现各种平面和垂直形式组合的情况，一般来说，规模越大的购物中心设置的共享大厅的数量越多，形式也可能越丰富。在设有多个共享大厅的情况下，应当有主有次，且可以根据不同的商业诉求和业态关系，设置不同的主题空间。

图 4-136 夹层式共享大厅使空间更加有趣

购物中心共享大厅的设计方式

购物中心共享大厅往往是购物中心最为重要的、最受关注的商业空间，所以如何将共享大厅打造成购物中心的亮点并使其商业价值最大化，也是购物中心室内设计的重点命题。共享大厅的设计方式可以有多种选择，应根据购物中心的商业诉求、业态组织、空间特点等各个方面的要求，进行适当的、有针对性的设计。目前的购物中心共享大厅的设计方式主要可以归纳为以下几种。

（1）形成情景

购物中心共享大厅的情景化设计是近来非常流行，也是非常受顾客喜欢的一种设计方式。当一种商品被赋予一种情感的时候，往往就会更具商业价值，空间也是一样的，情景化的

图 4-137 交错式共享大厅大大提升了空间的丰富程度

空间非常容易刺激人的心理感受，引起人们的情感共鸣。成功的商业设计是针对当地的人文特征、顾客类群、商业诉求、空间条件来打造有特点的商业空间。

这些情景化的商业空间，使购物中心变得更加好看和好玩，更有利于各种媒介的宣传，加强购物中心的品牌化，扩大购物中心的影响范围，吸引更多的顾客前来体验，从而拉动客流，以形成顾客和商铺的良性叠加。

购物中心共享大厅的情景化设计可以有不同的设计出发基点，可以是历史文化，也可以是未来科幻、童话世界等，同一个购物中心的多个共享大厅也可以根据需要，呈现出相同或不同的主题场景。各个共享大厅采用相同或类似的情景化设计，能使整个购物中心的特色更加鲜明，主题感更强；而每个共享大厅的场景不同，则更能丰富购物中心的空间感受，增加带给顾客的新鲜感（图4-138~ 图4-144）。

图4-138 长春"这有山"的混搭式场景化共享大厅俨然成了旅游热点，为购物中心带来了大量的客流

图4-139 长沙文和友的市井场景设计得十分到位，渲染出亲切、怀旧的人文气息

图 4-140 上海月星环球港打造的是
欧式场景

图 4-141 澳门威尼斯人将意大利威尼斯水城场景搬到商业中心内，是较早的
场景化购物中心之一

图 4-142 墨尔本中央购物中心的共享大厅巧妙地将老工厂变成独特的场景

图 4-143 香港 K11 充满科技感的共享大厅

图 4-144 昆山万象汇童话场景的局部共享空间

（2）形成景观

　　共享大厅具有顾客人流汇集、动线集中的属性，所以是设置由绿化、水景和艺术装置等形成的景观的最佳场所。这些景观的设置不但能调节购物中心的空间感受（空气温度、湿度、气味、视觉等），还能起到商业聚客作用，更可以成为具有高识别度和良好传播效应的购物中心标志（图 4-145~ 图 4-149）。

图 4-145 新加坡樟宜机场共享大厅的巨型瀑布景观，给人以视觉、听觉、湿度感等全方位的体验

图 4-146 北京朝阳大悦城"悦界"在小尺度共享空间中设置的亲切景观

图 4-147 北京侨福芳草地购物中心共享大厅中令人印象深刻的艺术小品景观

图 4-148 奥地利 ARTIO 购物中心利用其独特的地理位置（恰好位于奥地利、意大利、斯洛文尼亚三国的交界处），在共享大厅中设计了一处由一幅 170m² 的鸟瞰照片形成的景观，以 1 : 6000 的比例展现出三国交界处的地形图，游客可以尽情享受"在几个国家之间自由行走"的特殊体验

图 4-149 泰国曼谷 Mega Bangna 购物中心的共享大厅设置了丰富的绿化景观系统，与当地的气候环境相得益彰

（3）商业展售

共享大厅是购物中心人流最为密集的空间，所以它具有极高的商业价值，在这里举办临时性的商业展售活动，能产生更为理想的效果，同时也能增加购物中心的新鲜度。所以，在设计购物中心共享大厅时，要充分考虑此类活动的需求，做好机电驳接预留（图4-150~图4-152）。

（4）体育活动

购物中心共享大厅一般空间高大，有条件设置一些体育运动项目，如攀岩、人造雪上运动、冰场、轮滑、蹦床、飞行体验、滑板、小型球类等。这些体育项目既能满足人们的体育活动需要，又可以聚集人气，产生连带消费，如相关体育运动配套产品的销售，以及与其有机结合的业态商业，如饮品、冰激凌、零食等。

在共享大厅设置体育活动设施和场地的时候，除了要保证体育活动本身有足够的空间以外，还要保证这些体育活动不会对周边空间和人群产生破坏性影响。另外，在其周围设置一些观看设施和空间，也是非常具有人性化的选择（图4-153~图4-158）。

（5）儿童活动

在购物中心的共享大厅设置儿童活动设施，是购物中心常见的选择，共享大厅高大的空间非常便于安置大型的儿童娱乐设施或多种儿童娱乐设施组合。这些高、中、低的娱乐设施组合可以充分利用空间，打造出高丰富度的空间体验，形成吸引孩子和家长的焦点，从而带动客流和消费。

图4-150 共享大厅的餐饮业态除了可以带来良好的经济收益外，还颇具观赏性

图4-151 共享大厅是设置快闪店的最佳区域之一

图4-152 临时性的商业推广和展售经常设置在购物中心的共享大厅中

图 4-153 北京合生汇巨大的共享空间可以容纳一个球场，还可以举办各种组合活动

图 4-154 天宫院凯德 MALL 的共享大厅设置的人工雪乐园

图 4-155 迪拜购物中心共享大厅设置的滑冰场，在天气炎热时极具吸引力

图 4-156 蹦床是年轻人和孩子都喜欢的运动，设置在购物中心共享大厅中能带来极高的人气

图 4-157 新加坡福南购物中心的攀岩墙对空间的利用率极高

图 4-158 体育活动可以带动周边的器材、服装、餐饮等业态的消费

共享大厅与各个楼层的空间关系，可以增加顾客在各层公共区域与大厅儿童活动设施之间，以及上下层之间的互视与互动机会，使家长可以多角度、动态地观察孩子的活动状况，带来一种奇妙的视觉体验。在其区域周边还可以设计一些配套的休闲轻餐饮业态，也会产生很好的商业价值。

这种类型的儿童活动设施，在设计上除了要色彩活泼亮丽、风格统一以外，还要特别注意设备本身和周围环境的安全性，多采用软性的装饰材料（图4-159~ 图4-161）。

（6）娱乐活动

由于购物中心的共享大厅是购物中心人流最为集中的区域，所以非常适合组织各种娱乐活动，如海选现场、时装秀、音乐会、明星见面会等，同时这些

图 4-159 美国某购物中心钢铁侠主题乐高活动区，既给孩子们提供了好玩的设施，又可以促进产品的推广和销售

图 4-160 曼谷 The Street Ratchada 炫彩有趣的儿童游乐设施

图 4-161 共享大厅中的儿童游乐设施使家长可以多角度地观察孩子的表现

娱乐活动也能起到为购物中心增加客流的作用。如果在设计购物中心室内时，能在共享大厅预留一些灯光、音响等设备接口，将会为举行各种娱乐活动带来极大的便利（图 4-162、图 4-163）。

（7）文化展览

现代的购物中心，功能越来越广泛，会将更多的内容纳入其中，如车展、画展、藏品展、动漫展等各种展览。购物中心的共享大厅就是举办这些展览的最佳场所。在一些较小、相对容易封闭管理的共享空间，还可以设计书店，也能产生极好的商业和视觉效果（图 4-164~ 图 4-166）。

图 4-162 在共享大厅举行时装秀

图 4-163 在共享大厅举行的海选活动能带来超高的人气

图 4-164 举办车展不但能吸引顾客，提升商业品质，还可以给购物中心带来很好的收益

图 4-165 在购物中心共享大厅举办画展也是汇聚人气的一种方式

图 4-166 动漫展总会吸引众多年轻人的到来

　　总之，购物中心的共享大厅是现代购物中心从解决基本的刚性购物需求过渡到满足休闲生活和新鲜生活方式的精神需求的重要场所，对于共享大厅的设计来说，独具创意的主题功能区域不仅能从空间印象上为购物中心加强识别性和商业影响力，有趣新鲜、具有强烈互动氛围的场景营造，也能打开新的流量入口，进一步提升商业对人流的拉动能力与对消费者的吸引力。

4.2.4 购物中心共享大厅的分部设计

共享大厅的顶部设计

（1）共享大厅顶部的类型

　　购物中心的共享大厅顶部一般分为三种类型：全通透型、半通透型、封闭型。

　　◆ 全通透型：一般是指共享大厅顶部的建筑设计为采光玻璃顶，而在室内设计时不再过多地加以装饰，保留更多自然光的引入。这类顶部的优点是能使整个共享大厅明亮开敞，能有效地调节顾客在购物中心的视觉感受，使购物中心与大自然更加亲近，在一些气候宜人的地区或合适的气温条件下，还可以打开顶部设置的开启扇，让室外自然新鲜的空气更多地进入购物中心。这一类型的顶部，因为暴露了建筑采光玻璃结构造型，室内空间会更具建筑结构感。这类顶部的缺点是冬夏两季的冷热能耗很大，会相对增加建造和运营成本，且共享大厅白天的光环境效果会比较单一。因此，这种类型的共享大厅一般会加设电动遮阳帘，在夏季闭合遮阳帘，以削弱强烈的阳光对室内的影响；也可以设置电动遮阳板，它可以根据阳光的早晚照射方向调整角度，以控制阳光对室内环境的影响（图 4-167、图 4-168）。

图 4-167 大连和平广场共享大厅顶部的固定式遮阳板　　图 4-168 青岛万象城购物中心共享大厅顶部的可收卷式遮阳帘

◆ 半通透型：指共享大厅顶部的建筑设计为局部有采光玻璃天窗，或在室内设计时，将全范围的采光玻璃天窗通过造型处理，达到半通透的效果。这种类型的顶部处理介于全通透型和封闭型之间，既能在一定程度上将室外环境引入室内，又可以避免一些室外的不利条件对室内产生影响（图4-169、图4-170）。

◆ 封闭型：指将共享大厅的顶部全部封闭，完全隔开室内外空间的联系，这样就可以使共享大厅的光环境设计完全不受室外因素的干扰，呈现出更多的变化和状态，也可以在顶部设计出更多的造型，丰富共享大厅的空间感受。缺点是整体空间会显得比较憋闷，也没有室内外环境的互动（图4-171、图4-172）。

图4-169 香港ifc购物中心共享大厅顶部有节奏的局部采光

图4-170 在室内设计时，将自由曲线的顶部造型与采光天棚相结合，使共享大厅空间更加生动，还可以减少日光对朝阳店铺的室内光环境的影响

图4-171、图4-172 顶部封闭的购物中心共享大厅

（2）共享大厅的吊顶材料

购物中心共享大厅常用的吊顶材料与公共走道的吊顶材料基本相同，可以根据设计需要选用，主要有石膏板、矿棉板、玻纤板、金属板、金属格栅、金属条栅、硅酸钙板、玻璃纤维加强石膏板（GRG）等。

（3）共享大厅吊顶的机电设置

当设计购物中心共享大厅吊顶时，除了要考虑设计造型的需要，还要考虑吊顶上必须设置的机电设施，主要包括自动灭火系统（水炮）、火灾自动报警系统（烟感）、空调通风系统（送风口、回风口、新风口）、防烟和排烟设施（排烟口）、广播（背景音乐、消防广播）。

其中，空调送风形式和位置是进行室内设计时必须要考虑的，这会直接影响设计方案的效果和可实施性。

另外，顶部的强排烟风口通常面积较大，选择设计方案时要充分考虑装修设计造型对强排烟风口的兼容性。

在共享大厅顶部设置水炮时，要注意水炮的朝前角度和喷射方向，一定要避免装饰构件对其有遮挡。水炮的控制箱一般安装在水炮附近的吊顶上，需在吊顶上预留检修口。

（4）共享大厅吊顶的构造做法

共享大厅吊顶的构造做法基本类同于公共走道（详见公共走道吊顶），这里不再赘述。

需要关注的是，一般购物中心都会在共享大厅顶部设置悬挂装置，用于安装吊挂装饰展陈或宣传广告，这些悬挂装置在设计时需要一并进行考虑，予以预留，通常选用可升降的电动（遥控、线控）或手动系统，一般每个悬挂挂钩应能承载 200kg 以上的重量。所以，在设计悬挂位置时，一定要有结构设计专业的人对顶部结构进行复核计算，如需要，则必须进行加固处理（图 4-173、图 4-174）。

还有一点，在进行方案设计时必须要认真重视：很多共享大厅周边会设置防火卷帘，而共享大厅吊顶中会有很多机电管线从结构梁下（在结构梁没有预留机电管线洞口的情况下）穿过防火卷帘箱体上方，与主干线系统连接。这时，要在防火卷帘上方做防火封堵处理，因此会影响共享大厅最上层周边吊顶或立面洞口的高度。这就需要在共享大厅装修设计时充分考虑此因素对吊顶高度和立面的影响（图 4-175、图 4-176）。

图 4-173 北京王府中环购物中心共享大厅吊挂的主题装饰，对空间的影响十分明显

图 4-174 日本东京中城购物中心共享大厅的吊挂广告

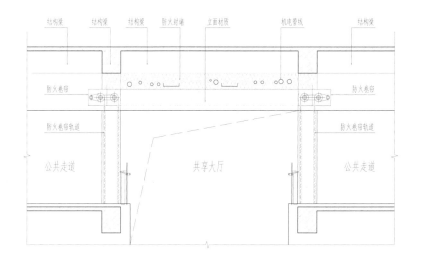

图 4-175 机电管线穿过防火卷帘上方做法大样

图 4-176 机电管线穿过防火卷帘上方做法详图

共享大厅的立面设计

共享大厅的立面设计通常是指共享大厅周边檐口的立面设计以及可能存在的周围立柱和局部墙面的设计。

（1）共享大厅的立面设计

目前，购物中心的共享大厅立面设计大致分为两大趋势：简洁实用和场景化。

◆ 简洁实用：整体立面设计相对简洁，强调规整性和统一性，所采用的设计元素和设计手法较为一致，不过分强调空间的装饰，力求突出店铺和商品陈列，强调顾客的舒适性。这种模式是目前很多大型商业地产公司最为常用的模式，投资相对容易控制，易于标准化管理，更加着重于购物中心和店铺的品牌优势以及服务内容。其优点还在于后期运营中的展陈布置更具有兼容性，其缺点是不容易形成鲜明的特点，且不易起到引流的作用（图4-177、图4-178）。

◆ 场景化：随着商业地产的不断发展，购物中心的竞争越发激烈，人们的心理需求逐渐提高且日趋多样化，购物中心的共享大厅内设置的内容也越发广泛，于是，场景化的共享大厅设计越来越流行。这样的共享大厅立面比较丰富多彩，但这种设计方式的建设成本较高，后期也不易变化出新（图4-179、图4-180）。

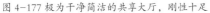

图4-177 极为干净简洁的共享大厅，刚性十足　　图4-178 武汉东湖万达广场的共享大厅展现出的柔和干净之美

图 4-179 上海环球港购物中心的场景化 共享大厅识别度极高

图 4-180 爱尔兰斯蒂芬格林购物中心的场景化共享大厅，此处已成为旅游景点

常见的购物中心共享大厅的立面主要由两大部分组成：檐口和柱子。

a. 檐口与栏杆（栏板）

共享大厅的檐口是指共享大厅中某一层地面与其下一层吊顶之间形成的立面，也是共享大厅立面中面积最大的部分，檐口的设计呈现对共享大厅的空间效果影响很大。

共享大厅檐口与栏杆（栏板）的组合方式分为分段式和一体式两种。

◆ 分段式：设计时以楼面地坪为界，地坪以上为栏杆（栏板），地坪以下为檐口装饰。采用这种方式处理可以使檐口的立面层次清晰，易于清洁（图 4-181）。

◆ 一体式：设计中将栏板（一般为金属玻璃组合）向地坪以下延伸，将栏板作为檐口的装饰构件。这样的做法会使共享大厅檐口的立面非常整齐干净，整体感强，但一般建造成本较高（图 4-182）。

图 4-181　上海 LCM 广场共享大厅的分段式檐口设计　　图 4-182　北京五道口商业中心

北京五道口商业中心共享大厅的檐口一体化的玻璃装饰栏板，采用透明和不同颜色的夹胶玻璃，使其既保持整体性又富于变化。充满时尚感的栏杆（栏板）作为安全防护必须设置的构件，与檐口共同组合体现共享大厅的立面效果。为了尽量减少栏板对店铺的遮挡和保证足够的安全性，购物中心共享大厅的栏板多采用安全玻璃与金属构件的组合方式，而扶手多采用金属或木质材料（图 4-183~ 图 4-185）。

栏杆（栏板）的安全性问题是设计时必须重点考虑的。栏杆应以坚固、耐久的材料制作，并应能承受现行国家标准《建筑结构荷载规范》（GB50009）及其他现行国家相关标准规定的水平荷载，其抗水平荷载不应小于 1.0kN/m。商业建筑中，共享大厅的栏杆高度应大于 1.2m。要注意的是，栏杆高度应按

图 4-183　玻璃栏板的金属构架系统　　图 4-184　栏板木扶手手感舒适　　图 4-185　栏板金属扶手耐用性好、易清洁

从楼地面至栏杆扶手顶面垂直高度计算，如果低部有宽度大于或等于0.22m，且高度不大于0.45m的可踏部位，应从可踏部位顶面起计算（图4-186）。

对于目前通常使用的玻璃栏板，应必须使用钢化玻璃、夹胶玻璃等安全玻璃，其厚度不得小于12mm，当临空高度大于5m时，应当使用钢化夹胶玻璃。在项目实际实施过程中，考虑到温度变化或金属安装构件的柔性，也为了加工、安装的可实施性，玻璃板之间应做留缝处理，留缝宽度建议不小于玻璃厚度（图4-187、图4-188）。

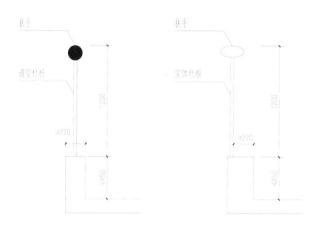

图4-186 栏杆高度示意

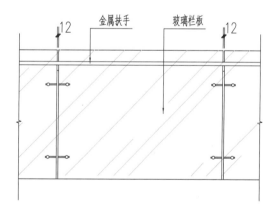

图4-187 玻璃栏板留缝

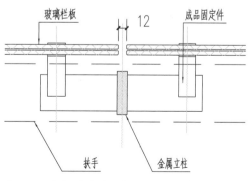

图4-188 玻璃栏板留缝示意

图 4-189 上海静安嘉里中心共享大厅檐口风口的整体式设计

在进行购物中心共享大厅檐口设计时，要考虑可能出现的空调风口对整体效果的影响，要使其尽量融于檐口装饰造型和材料分缝之中，不要显得突兀，还要考虑共享大厅周边的防火卷帘的影响，将其纳入整体立面的设计范围（图4-189、图4-190）。

沿着共享大厅檐口做周圈灯带或发光灯槽，是现代购物中心常用的设计处理方式之一，既能展现共享大厅各层的节奏美感，又可以强调共享大厅的中心属性，产生非常好的空间效果（图4-191）。

b. 柱子

这里是指沿共享大厅周围设置的结构柱。也有一些项目，为了减少柱子形成的视线遮挡，使空间更为通畅，采取共享大厅周边走道结构外挑的方式，就不涉及共享大厅周边柱子的装饰问题了。

图 4-190 将防火卷帘与檐口整合一体化设计

图 4-191 北京颐堤港购物中心共享大厅檐口的装饰灯槽

购物中心共享大厅周边柱子的设计处理，除非有特殊要求，一般应尽量采用简洁的处理手法，减少其对店铺和商品的影响。而一些场景化设计则会使柱子成为其场景的组成部分（图 4-192~ 图 4-194）。

图 4-192、图 4-193 用简洁的设计手法处理共享大厅的柱面效果，使顾客的注意力更加集中于店铺和商品

图 4-194 法国巴黎老佛爷百货共享大厅柱子的装饰效果，场景感极强，令人印象深刻

（2）共享大厅的立面材料

　　购物中心共享大厅的立面材料多以金属板、玻璃、石材、乳胶漆、瓷砖为主，随着场景化设计的出现，更多的装饰材料也会被应用到共享大厅的立面中。

（3）共享大厅的立面做法构造

　　下面简要介绍一些购物中心立面的常用做法：

　　a. 檐口及栏杆（栏板）（图 4-195~ 图 4-201）

　　b. 柱子与防火卷帘（图 4-202~ 图 4-206）

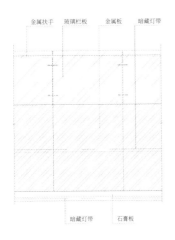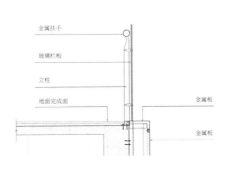

图 4-195、图 4-196 分段式檐口玻璃栏板金属扶手立面、剖面示意

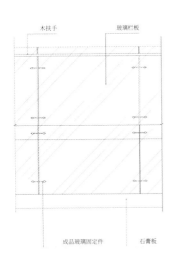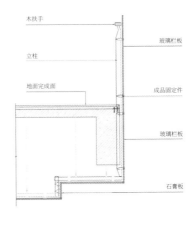

图 4-197、图 4-198 一体式檐口玻璃栏板木扶手立面、剖面示意

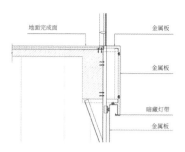

图 4-199 檐口金属板灯带详图示意

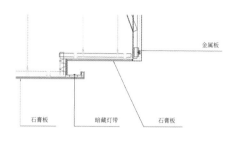

图 4-200 檐口石膏板灯槽详图示意

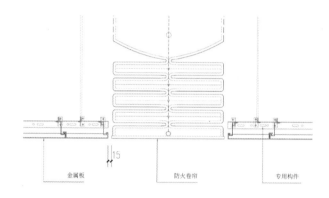

图 4-201 金属板吊顶与防火卷帘详图示意

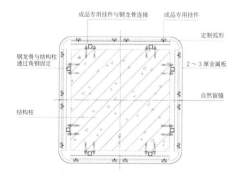

图 4-202 金属板饰面柱详图示意

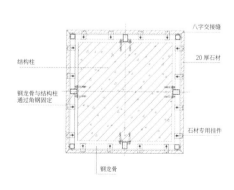

图 4-203 石材饰面柱详图示意

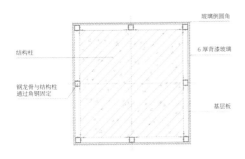

图 4-204 玻璃饰面柱详图示意

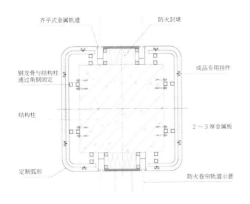

图 4-205 平装式防火卷帘详图示意

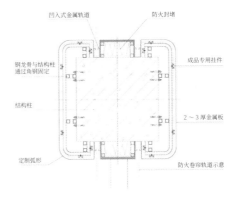

图 4-206 凹入式防火卷帘详图示意

共享大厅的地面设计

（1）共享大厅的地面设计

购物中心共享大厅的地面位于中心区域，也是各个楼层的视觉汇集点，所以，应当对其进行一定的设计处理。至于处理方法，需取决于整个共享大厅的经营用途和使用方式。

如果共享大厅的用途是临时展售、体育娱乐、儿童活动等，则不需要进行过多、过于复杂的装饰设计，只需根据购物中心整体的装修风格和设计元素，进行简单有趣的线条或体块设计即可（图 4-207、图 4-208）。

如果共享大厅的用途为休息和景观营造，那么地面设计就要结合景观的设计要求，考虑休息人群的动静分区，进行有针对性的设计（图 4-209、图 4-210）。

如果共享大厅进行了场景化设计，那么地面一定是其场景化设计的组成部分（图 4-211、图 4-212）。

图 4-207 法国莫城四季购物中心共享大厅的地面采用单一材料"骑马缝"铺装，产生极致简洁、干净的效果

图 4-208 简单的构成图案为共享大厅带来些许变化又不失整体感

图 4-209 在共享大厅设置的休息区，跳色的地毯带来空间的变化

图 4-210 将景观与休息区结合设置于共享大厅中，使空间富有趣味

图 4-211 共享大厅的地面与立面装饰融为一体，场景十分炫酷

图 4-212 地方风情场景的共享大厅地面

（2）共享大厅的地面材料

购物中心共享大厅是购物中心中顾客人流最为集中的区域，所以其地面的材料主要以耐磨、抗污性强、易于清洁的装饰材料为主，如石材、人造石、水磨石、地砖等。其中，对于材质相对较软、抗污性差的石材和人造石材，应当谨慎使用。

（3）共享大厅地面的机电设置

由于现在购物中心共享大厅的使用功能越发多样化，所以为满足不同功能的相关机电设施预留接口十分必要，比如，隐蔽式上下水接口的预留、强弱电地插的设置。需要注意的是，在设置这些机电设施时，不但要考虑未来使用功能的变化，还要兼顾地面装饰设计的效果。

共享大厅的照明设计

购物中心共享大厅的照明设计除了要满足基本照度要求外，还要更多地考虑装饰和场景需求。一般来讲，共享大厅的照度应在 100~300 勒克斯之间。如果是特殊的场景化设计，设计照度会追求不均匀效果，甚至较大的反差（图4-213、图 4-214）。

目前，购物中心的共享大厅的照明解决方案也呈现多元化，在顶部多采用大功率 LED 筒灯，沿共享大厅檐口设计灯带、灯槽也可以不同程度地解决照度问题，还可以产生很好的装饰效果。另外，有些购物中心会在共享大厅设置景观和吊挂大型装饰灯具，这些照明装置会影响、补充共享大厅的照度（图4-215~ 图 4-217）。

图 4-213 照度较大且均匀的共享大厅曾是很多购物中心追求的设计目标　图 4-214 强烈的照度对比使共享大厅充满高级感

图 4-215 檐口的灯带能对较小的共享空间照度起到积极的作用

图 4-216 一些景观的效果照明对共享大厅产生很大的影响

图 4-217 装饰性吊灯也可以影响共享大厅的照度

总之，购物中心共享大厅的照明设计，一定要依照整体设计理念和商业逻辑进行，根据预定的和设想的商业活动行为，做既有针对性又具灵活性的照明设计。

4.2.5 购物中心共享大厅与消防

购物中心的防火分区在竖向上基本按楼层划分，而贯穿各个楼层的共享大厅的消防设计非常重要。

一般情况下，共享大厅空间的防火分区归于共享大厅涉及的最下方楼层区域或最上方楼层区域，如果共享大厅起始层为首层，为了使首层空间效果更好，则会将共享大厅的防火分区归于首层，这样可以避免在首层共享大厅周围设置防火卷帘。有的购物中心首层面积较大，不适于将共享大厅的面积计入首层防火分区，或者受顶层层高限制，不适于在共享大厅顶层周边设置防火卷帘，这时可以将共享大厅的面积计入顶层的防火分区（需满足防火分区的面积限制要求），但在首层必须设置防火疏散门，以便在发生火灾的情况下，人们可以通过防火疏散门借用首层其他防火分区疏散（图 4-218~ 图 4-220）。

在此情况下，也有项目将底层的防火分区边界再向外围扩展，来避免在共享大厅靠近中心部位出现防火疏散门，但这样就需要将底层的防火疏散问题一并考虑，比较复杂，这里暂不赘述。

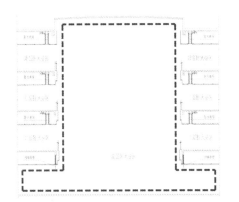

图 4-218 共享大厅与首层设为同一防火分区

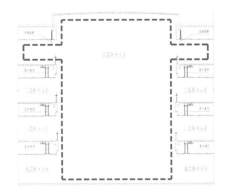

图 4-219 共享大厅与顶层设为同一防火分区

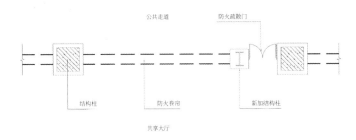

图 4-220 防火卷帘结合防火疏散门示意

　　一般情况下，购物中心共享大厅的防火卷帘都是沿共享大厅周边布置，与周边的结构柱结合或增设防火卷帘构造柱。当共享大厅的平面形状不适合做分段式防火卷帘时（如自由曲线形、不规则形等），有的区域可以使用整体提升式防火卷帘。有些购物中心为了使共享大厅的视觉感受更为通畅，在建筑结构设计中取消了共享大厅周围的结构柱。在这种情况下更适于选用整体提升式防火卷帘（图 4-221~ 图 4-225）。

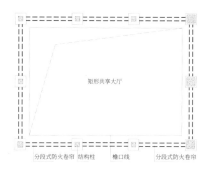

图 4-221 矩形共享大厅的分段式防火卷帘平面示意

图 4-224 分段式防火卷帘

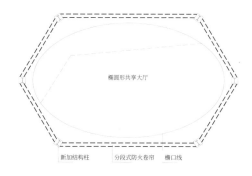

图 4-222 椭圆形共享大厅的分段式防火卷帘平面示意

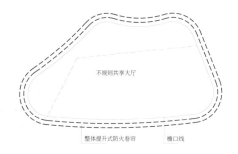

图 4-223 异形共享大厅的整体提升式防火卷帘平面示意

图 4-225 整体提升式防火卷帘

4.3 购物中心的入口门厅

购物中心入口门厅是顾客进入购物中心的商业动线的起点，也是顾客从室外感知购物中心到从室内感知购物中心的临界点，要起到吸引顾客进入购物中心的作用。所以，购物中心入口门厅的设计效果是十分重要的。

4.3.1 入口门厅的设计原则

购物中心入口门厅的设计要注重以下几个原则。

◆ 一致性原则：入口门厅是购物中心室内、室外的连接区域，所以，在设计上既要顾及建筑的设计元素，也要顾及室内的设计风格，不能显得突兀（图4-226~图4-228）。

◆ 引入性原则：入口门厅是购物中心的动线起点，要起到吸引顾客进入的作用，不能过于平淡和灰暗。尤其是在夜晚，入口门厅的灯光效果更是购物中心整体夜景效果的重要组成部分（图4-229）。

图4-226~ 图4-228 从这三张图中可以明显地感受到购物中心从建筑到入口，再到室内设计的一致性和系统化

图 4-229 通过立面虚实对比、亮度对比、造型对比突出购物中心的入口

◆ 功能性原则：作为顾客进入购物中心的必经之处，应当对入口门厅这一优越的位置进行充分的利用。比如，设置购物中心内部重要商家的水牌、体现购物中心品质和商业诉求的装饰、能带来经济效益的广告灯箱，等等（图4-230~图4-232）。

图 4-230 门厅的店铺水牌引导消费的作用明显　图 4-231 门厅的重点装饰

图 4-232 门厅的灯箱或电子屏都具有极高的商业价值

4.3.2 入口门厅的设计方法

购物中心的入口门厅主要有两种设计方法：重点装饰和简洁整体。

◆ 重点装饰：在购物中心的入口门厅处做非常突出的装饰设计处理。这种方式，装饰效果明显，给顾客带来的冲击力强，令人记忆深刻，使购物中心的空间效果更加丰富，且针对顾客的引入效果更好（图4-233、图4-234）。

◆ 简洁整体：对购物中心入口门厅区域不做过多的装饰处理，更强调其过渡空间属性，将其与室内公共走道尽量融为一体，使购物中心室内空间整体性更好。这种方式对广告灯箱和店铺水牌的显现效果会更好（图4-235、图4-236）。

值得注意的是，入口门厅的照度一般不要大于内部的公共走道的照度。如果门厅的照度明显大于室内公共走道，则室内会显得相对阴暗，不利于吸引顾客进入，也会使顾客在商业动线中的体验感变差。

图 4-233 门厅顶部进行的重点装饰设计　图 4-234 门厅立面进行的重点装饰设计

图 4-235、图 4-236 相对简洁整体化门厅设计

4.3.3 入口门厅的装饰材料和做法

购物中心的入口门厅的主要装饰做法及材料，除了特殊的装饰造型设计以外，与购物中心室内的公共走道相近。吊顶以采用石膏板、金属板为主；墙面多采用石材、瓷砖、金属板、玻璃等；地面采用耐磨损、防滑性好的石材、瓷砖等。

购物中心在入口处地面会设置防尘垫，一般防尘垫与大门的宽度一致，进深不小于正常步行的两到三步长度，其完成高度应与门厅地面一致。防尘垫下应设有排水地漏（图 4-237、图 4-238）。

购物中心门厅入口处设置风幕机时，应对其进行包饰处理，包括对其管线的包饰，注意保证风幕机的检修空间或留有检修方式。

图 4-237 入口处设置防尘垫

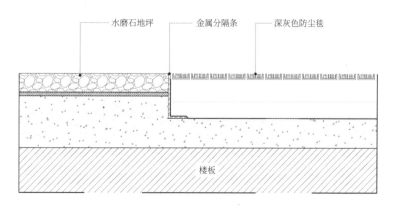

图 4-238 防尘垫详图示意

4.4　店铺立面与设计控制

现代购物中心中，形成商业形象的区域主要是公共走道、共享大厅等公共区域，但随着现代商业的不断发展，购物中心中店铺的形象对于购物中心的品质和氛围影响越来越大。一系列丰富多彩、设计优秀的店铺不但能丰富商业动线的空间感受，其本身也是可供观赏的艺术品。在很多购物中心里，店铺形象的好坏往往直接影响购物中心品质的高低，所以，对店铺的规划和立面控制就显得非常重要了（图 4-239~ 图 4-241）。

4.4.1 购物中心店铺的立面设计方式

购物中心店铺的立面设计有以下几种分类方式。

按购物中心店铺的立面范围定义

购物中心店铺的立面根据其范围主要有两种定义方式：独立式和连体式。

◆ 独立式：店铺之间设有间隔墙，对可能出现的结构柱、消火栓、管井、设备用房墙体等结构，购物中心会统一对其进行装修处理。这些装饰墙体自然地将店铺与店铺隔开，而每两段装饰墙体之间就是店铺的立面范围，这样就形成了有规律和节奏的商业动线立面（图 4-242、图 4-243）。

◆ 连体式：店铺之间没有设置间隔墙，可能出现的结构柱、消火栓、管井、设备用房墙体等结构，会被纳入相邻店铺的立面范围，由店铺根据自身的风格进行设计、装修。这样，店铺与店铺之间达到"无缝"连接，所形成的商业动线立面会显得连续性强、丰富多彩，而且这种方式也会节省购物中心的装修投入（图 4-244）。

图 4-239~图 4-241 北京 SKP-S 购物中心对店铺设计的要求和把控

图 4-242 北京王府中环购物中心店铺之间统一隔墙做法　　图 4-243 消火栓、管井门对店铺产生的间隔

图 4-244 店铺之间没有隔墙，形成连续的商业立面

按购物中心店铺的立面高度定义

购物中心店铺的立面根据其高度主要有两种定义方式：通高式和分段式。

◆ 通高式：店铺立面高至公共走道吊顶，店铺立面上端与公共走道吊顶之间没有隔离。这种做法主要适用于公共走道吊顶高度不高或追求店铺立面整体形象较为丰富的购物中心（图 4-245）。

◆ 分段式：店铺立面上端与公共走道吊顶之间设有一定距离，一般会设计为灯槽（灯带），或者统一设计为装饰墙体。这种做法主要适用于公共走道吊顶较高或追求店铺整体立面形象较为规整、有序的购物中心（图 4-246~ 图 4-248）。

图 4-245 北京荟聚购物中心的通高店铺立面，店铺的立面处理可以上至吊顶底部

图 4-246 店铺立面上方设有贯通的洗墙灯槽，以加强立面的整体性

图 4-247 店铺立面统一在整体、干净的墙体控制之下

图 4-248 店铺立面统一在复杂、装饰性极强的墙体控制之下

按购物中心店铺的店招定义

购物中心店铺的立面根据其店招主要有两种定义方式：统一型和非统一型。

◆ 统一型：店铺店招均统一设置在相同的背景装饰材料和做法的门头之中，店招大小均统一规划。有的购物中心不但把每家店铺的店招按统一的方式设置，甚至连店名都采用同样的材质、字体、颜色，而各家差异化的店招则设置在店内或店铺立面的其他位置（图4-249、图4-250）。

图4-249 店铺店招设置在统一的立面门头上

图4-250 店铺店招统一设置在完全相同的局部装置上，也是一种统一化方式

◆ 非统一型：各个店铺的店招背板做法不同，店铺的店招均按自身的立面装修进行设计，但购物中心会对其大小、规格、材质等有一定的要求（图4-251、图 4-252）。

图 4-251 店铺可根据自己的需要设置立面和店招背板，但其店招背板的高度要求一致，也是为了保证一定的整体感

图 4-252 购物中心对店招背板不作限制，力求呈现丰富多彩的店铺立面效果，但一般会对商家标识的高度有统一要求

4.4.2 购物中心店铺的设计控制

一般购物中心的店铺装修，都是由店铺自己负责设计、施工，而各个店铺的装修设计又是整个购物中心商业氛围的重要组成部分，所以，应对每个店铺的装修设计效果进行有效的把控，才能保证购物中心的环境品质。并且，针对租户店铺设计对租户范围内的机电消防设施的影响及两侧关联区域店铺的影响，也需要进行监督、控制。因此，购物中心必须要有专门的租户设计管理部门或聘请专业的团队，对租户的装修设计方案进行严格的审核和把控。

对租户店铺的设计控制主要在以下几个方面。

店铺装修设计范围的界定：购物中心对出租店铺的可装修范围要有明确的界定，包括租赁面积的装修区域及租赁面积外可归于（或必须归于）租户使用的装修区域。此外，还包括租户的交房条件、租户区域内能否拆改、调整的机电消防设施的界定。

◆ 店铺入口要求：购物中心对出租店铺的入口应有一定的规定和要求。例如，是否可以设置店门、租户入口宽度的最小值或与店宽的比例、租户入口高度的最小值或与店高的比例、入口是否设置卷帘及卷帘要求，等等。

◆ 店铺外立面要求：租户店铺的外立面风格一定要符合购物中心的商业诉求、品质要求及整体装修风格，要充分顾及业态和周边店铺的协调性，特别要注意租户店铺立面与两侧其他店铺的衔接处理。对其外立面可能设置的灯箱、显示屏、橱窗等也要进行设计审核。

◆ 店铺店招要求：无论购物中心是否对所有店铺的门头进行统一的装修处理，对店铺的店招都应有一定的规划要求，一般会对店招的尺寸、材质、设置的位置进行统一的详细规定。

◆ 店铺内装修设计要求：店铺在进行内部的设计装修时，不能随意调整改变其区域内机电消防设施，其装修设计效果也要符合购物中心的商业诉求、品质要求及整体装修风格，要充分顾及业态和周边店铺的协调性。店铺的吊顶设计、照明设计、地面设计及其他设计方面也要经过购物中心的审核方可实施。要特别注意地面材料与公共走道地面的衔接处理，一般情况下，店铺地面与公共走道地面为同一地坪标高。

◆ 店铺围挡：购物中心的租户店铺在装修期间必须设置店铺围挡，以保障购物中心公共区域的形象。围挡可以由购物中心统一设计、设置，也可以由租户在经过购物中心审核后自行完成。

4.5 购物中心的中岛店铺

购物中心的公共区域除了公共走道和共享大厅以外，还会形成一些被公共走道环围、区别于公共走道外围边店的中心店铺，也称中岛店铺。这些中岛店铺一般为开敞的，店铺之间不设高隔墙，店铺的货架柜台也都控制在中低高度。有些购物中心公共走道围绕的中岛店铺也有通高的店铺隔墙，这样的店铺可以视为边店的形式，不属于这里讲述的中岛店铺的范畴。一般购物中心的中岛店铺区域会纳入购物中心的公共区域装修范围（图 4-253）。

图 4-253 购物中心中岛店铺

4.5.1 购物中心的中岛店铺的设计目的

现代的购物中心体量越来越大，购物中心整体的进深也越来越大，因而大量的中岛店铺被设计到实际项目中。中岛店铺的设置，对于购物中心来说，有几方面的益处：减少边店的进深，使店铺的面宽进深比更加合理，易于出租；

提高店铺的商业可视性及商业价值；使购物中心的公共区域空间感受更加开阔；提升购物中心公共区域的空间形态的丰富度；丰富顾客体验。

4.5.2 购物中心的中岛店铺的设计原则

购物中心的中岛店铺从形态上区别于边店，在设计中应遵循以下几个原则。

◆ 开放性：中岛区域的店铺应当呈开放形态，避免封闭，充分利用其被商业动线环绕的特点，尽量多地展示商品，尽量易于顾客进入并触及商品（图4-254）。

◆ 灵活性：中岛店铺的设置及中岛区域内部动线的设置应更具灵活性，给顾客以轻松、随意的感受（图4-255）。

◆ 整体关联性：中岛区域的装修设计，因与其他公共区域（如公共走道和共享大厅等）处于同一公共空间内，所以应具有一定的设计关联性（图4-256、图4-257）。

图4-254 完全开放的中岛区域，顾客可以在其中自由穿行

图4-255 北京亦庄创意生活广场的中岛区域，灵动的布局让逛街富有乐趣

图4-256、图4-257 中岛区域与购物中心的公共区域形成很强的整体性

◆ 协调性：如果中岛区域设有多个商铺，则这些商铺的设计装修需要协调，不能显得突兀和凌乱（图4-258）。

◆ 可观赏性：由于中岛区域位于被商业动线环绕的中心区域，容易成为顾客视线的焦点，所以中岛区域的装修设计应当具有一定的观赏性，能够充分体现购物中心的商业诉求和品质表达（图 4-259、图 4-260）。

图 4-258 中岛区域的店铺应相互协调，避免凌乱

图 4-259、图 4-260 中岛店铺本身应具有很强的观赏性

4.5.3 购物中心的中岛店铺的设计方式

购物中心的中岛区域可分为隔断式中岛、独立式中岛和全开放式中岛三种形式。

◆ 隔断式中岛：中岛区域若干店铺形成组团，组团之间以区域动线分割，组团内部的店铺之间设有统一的隔断墙体进行店铺分隔，以方便商家布货，也会显得整体感更强。这种方式比较适合面积相对较小的中岛店铺（图 4-261、图 4-262）。

◆ 独立式中岛：每家中岛店铺独立设置，店铺与店铺之间以区域动线分割。采用这种方式，各个中岛店铺的展示面更多，形象更丰富，但区域动线所占面积也会相对更多，所以适合面积较大的中岛店铺（图 4-263、图 4-264）。

◆ 全开放式中岛：这是近年来购物中心与百货商场在局部形式上融合的一种体现，即中岛区域的各个店铺之间既不独立，也没有隔墙，店铺之间完全开放和无缝连接，中岛区域内部动线不明确，以赋予顾客最大的自由度（图 4-265、图 4-266）。

图 4-261、图 4-262 设有店铺间隔墙的中岛区域

图 4-263、图 4-264 每个店铺相对独立的中岛区域

图 4-265、图 4-266 日本湘南 T-SITE 的中岛店铺之间没有任何隔墙，顾客可获得轻松自由的购物体验

4.5.4 购物中心的中岛店铺的分部设计

中岛店铺的吊顶设计

（1）中岛店铺的吊顶设计分类

购物中心中岛区域的吊顶设计可以采用整体式和分隔式两种方法。

◆ 整体式：整个中岛区域吊顶为统一的造型设计，不在吊顶上区分店铺空间和走道空间，这种方式统一性好，整体感强，适用于净空较高的中岛区域。需要注意的是，店铺上方的照明设计应具有针对性和灵活性（图 4-267、图 4-268）。

◆ 分隔式：将中岛店铺上方的吊顶与区域公共走道吊顶进行设计区分，使各个中岛区域的边界更加明确。这种方式适用于净空较低的吊顶区域（图 4-269、图 4-270）。

图 4-267 中岛区域吊顶整体简洁的处理方式　　　图 4-268 中岛区域吊顶整体式设计，造型较为丰富

图 4-269 通过简单的吊顶高差和灯槽对中岛店铺进行大致限定　　图 4-270 通过顶部的复杂造型对中岛区域走道进行强调

（2）中岛区域的防烟分区与挡烟垂壁

很多购物中心的中岛区域面积较大，所以应依照规范在中岛区域内部或在中岛与公共走道间实施防烟分区，对于防烟分区的具体要求如表 4-1 所示。

表4-1 公共建筑防烟分区的最大允许面积及其长边最大允许长度

空间净高 H（m）	最大允许面积（m²）	长边最大允许长度（m）
$H \leqslant 3.0$	500	24
$3.0 < H \leqslant 6.0$	1000	36
$H > 6.0$	2000	60m；具有自然对流条件时，不应大于75m

注：当空间净高大于9m时，防烟分区之间可不设置挡烟设施。（以新执行的相关规范为准。）

在购物中心中，应用挡烟垂壁、结构梁和隔墙等来划分防烟分区，且防烟分区不应跨越防火分区。挡烟垂壁等挡烟分隔设施的深度不应小于相关规定的储烟仓厚度。对于裸露型顶部设计的空间，吊顶内空间高度可计入储烟仓厚度；当采用半封闭型吊顶时，其吊顶的开孔不均匀或开孔率不大于25％时，吊顶内空间高度不得计入储烟仓厚度。

在实际项目设计中，当中岛区域采用封闭型吊顶或半封闭型吊顶（吊顶的开孔不均匀或开孔率不大于25％）时，会采用挡烟垂壁作为划分防烟分区的分隔设施。挡烟垂壁可分为活动式挡烟垂壁和固定式挡烟垂壁，使用固定式挡烟垂壁时，应采用不燃材料，为了保证空间的美观和通畅，经常会采用玻璃挡烟垂壁。而活动挡烟垂壁与建筑结构（柱或墙）面的缝隙不应大于60mm，由两块或两块以上的挡烟垂帘组成的连续性挡烟垂壁，各块之间不应有缝隙，搭接宽度不应小于100mm。

所以，在进行中岛区域吊顶设计时，应特别注意防烟分区和挡烟垂壁对设计方案和实施效果的影响，要把相关的防烟分隔设施当作设计因素一并进行考虑（图4-271、图4-272）。

图4-271 活动式挡烟垂壁，在没有火灾时收缩于吊顶之内，基本不会对空间效果产生太大影响

图4-272 固定式挡烟垂壁，大多采用透明玻璃，以减少空间的阻碍感

（3）中岛区域吊顶的材料和构造做法

中岛区域吊顶的主要用材与购物中心其他公共区域吊顶相似，一般以石膏板、金属板、金属格栅（条栅）为主，其构造做法也与其他公共区域一样。图4-273和图4-274是在中岛区域吊顶中出现的挡烟垂壁的构造做法。

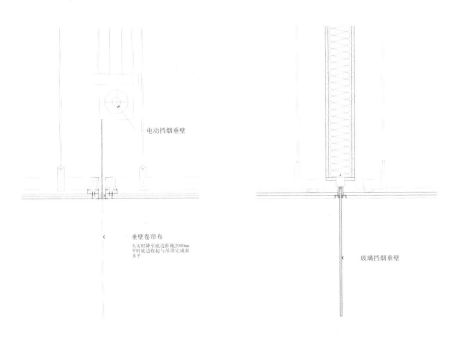

图 4-273 活动式挡烟垂壁详图示意　　　　图 4-274 固定式挡烟垂壁详图示意

中岛店铺的立面设计

由于购物中心的中岛区域主要由中岛店铺构成，所以中岛区域的立面设计涵盖的内容主要是中岛区域的独立结构柱和可能出现的店铺隔墙。应对店铺设置装修控制线，将店铺的装修范围统一控制在一定高度，使中岛区域更加规整，避免凌乱。同时，对店铺的店招、高低展柜（展架）均要有统一的规范要求。

（1）独立柱设计

购物中心的中岛店铺相对开敞，没有高店铺隔墙，所以在空间里会显现出更多的结构柱，而这些结构独立柱的装修设计往往会对中岛区域的空间效果产生较大的影响。中岛区域独立结构柱的装修处理，一般会采取两种方式。

◆ 方式一：采取同购物中心其他公共区域的柱子统一的处理手法，保证公共空间的统一性。采用这种方式时，最好所有的柱子都位于商业动线旁边，而不是位于店铺之中，避免对店铺的装修效果产生干扰（图4-275、图4-276）。

◆ 方式二：中岛区域的柱子都融于各个店铺的装修设计之中。一般采用这种方式时，独立结构柱都会规划于店铺之中，其装修必须受装修控制线约束（图 4-277、图 4-278）。

在实际的购物中心项目设计中，也经常出现以上两种方式同时使用的情况，需要按照项目的具体平面情况和商业诉求而定。

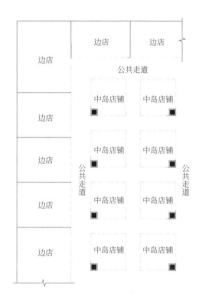

图 4-275 当柱子位于公共走道与中岛店铺交界处，为了使空间效果规整，经常将柱子进行统一的设计处理

图 4-276 统一进行设计处理的中岛区域的柱子

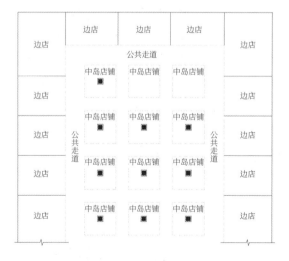

图 4-277 当柱子不邻近公共走道或不被中岛店铺包围时，可以将柱子的处理与店铺装修结合

图 4-278 即使柱子与各个中岛店铺的装修一体化，也需要对其有统一的限定

（2）店铺隔墙设计

当购物中心中岛区域面积较大或店铺单体面积较小，两个或多个店铺没有被商业动线自然分隔时，往往会统一设置店铺隔墙。为了保证中岛区域的空间通透性，建议不采用高隔墙形式，而是将店铺隔墙高度设置在 1.4~1.5m，这样既能使中岛空间的形式统一，又对顾客视线的影响较小，还可以分隔店铺，并易于其管理、布货和设计装修。如果隔墙过低，则会影响店铺的布置和摆货量。

中岛店铺隔墙的设计宜采用简洁的手法，不要过于跳跃和丰富，主要起到对店铺装修布置的衬托作用（图 4-279、图 4-280）。

（3）中岛区域立面材料

购物中心中岛区域的立面，包括柱子和店铺隔墙，主要选择的装饰材料有石材、金属板、玻璃、瓷砖、乳胶漆等。

图 4-279 从低矮隔墙对中岛店铺进行划分

图 4-280 红色玻璃低隔断墙既规整地划分了店铺，又与顶部造型相呼应

中岛店铺的地面设计

（1）中岛店铺的地面设计

购物中心中岛区域的地面设计与吊顶同样分为整体式和分隔式两种。

◆ 整体式，即整个中岛区域地面设计为统一的地面材料，不用材料和颜色区分店铺空间和走道空间，这种方式统一性好，整体感强，更具灵活性，后期的店铺调整不受地面装饰的约束（图4-281）。

◆ 分隔式，即将中岛店铺的地面与区域公共走道的地面进行设计区分，使各个区域更加明确。有些项目还会将店铺区域的地面稍微加高，以满足店铺装修时相关管线铺设的需要（图4-282、图4-283）。

（2）中岛区域地面材料

购物中心中岛区域应采用防滑、耐磨性好的装饰材料，在实际项目中以石材、地砖、木地板、塑胶地板为主，高端的购物中心甚至可以采用地毯。

图4-281 中岛区域地面与公共走道连为一体，不做区域划分

图4-282 中岛店铺地面区别于走道地面，水平标高一致

图4-283 中岛店铺地面区别于走道地面，并且与走道地面有高差，以便灵活铺设电气管线

中岛区域的机电预留

购物中心为了满足中岛店铺的装修及使用需求，应根据业态规划设置必要的机电预留条件，一般会在区域内相关的柱子和店铺隔墙中进行预留，包括配电箱、强弱电插座、给水接驳点、穿线孔等（图4-284）。

如果中岛区域面积较大，有条件的话可以在吊顶上预留排油烟及燃气的驳接口，这将十分有利于后期租赁的灵活性。

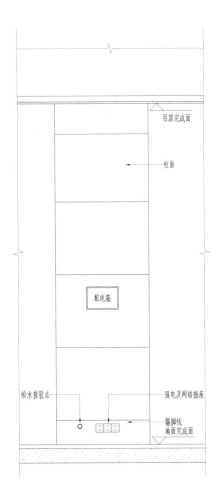

图4-284 中岛区域柱体的管线预留示意

4.6 公共卫生间（含无障碍卫生间、母婴室、清洁间等）

4.6.1 购物中心公共卫生间的定位

◆ 不可缺少的刚需空间：购物中心的公共卫生间是依据国家相关规范和标准要求必须设置的满足顾客需求的场所。

◆ 体验品质的重要参照：购物中心发展到现在，公共卫生间已经成为购物中心品质和人性化设计的重要体现，优秀的卫生间设计可以带给顾客良好的体验，甚至加强客户黏性，从而提升购物中心的销售业绩（图4-285、图4-286）。

图4-285 追求高端品质的购物中心的公共卫生间

图4-286 简洁干净的购物中心的公共卫生间

4.6.2 购物中心公共卫生间的设计要素

◆ 功能性要素：购物中心卫生间首先必须要满足设置和使用的相关要求，并可以在此基础上根据不同商业业态进行灵活调整。另外，还要设计一些必要的功能性设施，如置物台（板）、烘手器、手纸盒、纸巾桶、挂物钩等（图4-287）。

◆ 商业性要素：购物中心公共卫生间的商业性要素主要指两个方面，一方面是指公共卫生间的位置选择，应在满足动线流畅性的前提下合理利用次级空间，尽量将商业价值较高的区域留给出租店铺，以实现商业价值最大化；另一方面是指应该利用公共卫生间的使用特性，融入广告载体，带来经济收益（图4-288）。

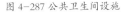

图 4-287 公共卫生间设施

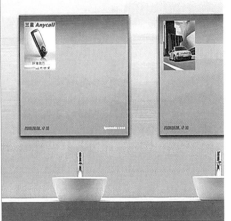

图 4-288 购物中心公共卫生间出现的各种广告

◆ 舒适性要素：现代购物中心的公共卫生间应当从触、视、听、闻、湿度等各个方面综合保证顾客的舒适体验（图4-289、图4-290）。

◆ 关联性要素：公共卫生间应关联购物中心的商业定位，并与购物中心公共区域的设计主题与风格保持一致（图4-291）。

◆ 导向性要素：公共卫生间应在区域内到公共卫生间的动线上设有显著的标识，导向清晰、醒目、易识别（图4-292、图4-293）。

图4-289 柔和的曲线、人性化的设施形成了舒适的购物中心卫生间

图4-290 自然绿色元素的引入，能使购物中心卫生间摆脱憋闷和枯燥的感觉

图4-291 北京合生汇地下主题街区的风格与公共卫生间的风格一致

图4-292 商业动线上的卫生间引导标识

图4-293 公共卫生间入口处标识

◆ 针对性要素：对于不同风格的购物中心及购物中心中不同特点的区域，可以进行有针对性的卫生间设计（图 4-294、图 4-295）。

◆ 易维护性要素：购物中心卫生间的设计无论在造型设计还是在材料选择方面，都应当注意要易于清洁，并预留管道检修条件（图 4-296、图 4-297）。

图 4-294 潮玩区域炫酷的公共卫生间

图 4-295 充满童趣、尺度亲切的儿童区域公共卫生间

图 4-296 设置不落地的小便斗更利于清洁

图 4-297 易于清洁的台面做法

4.6.3 购物中心公共卫生间的设置原则

购物中心公共卫生间的设置标准

我国对公共卫生间的设置有比较明确的规定，如《城市公共厕所设计标准》（CJJ14—2016）中对公共卫生间厕位设置有以下规定，如表 4-2：

表 4-2 购物中心公共卫生间的设置标准

男厕位总数（个）	坐位（个）	蹲位（个）	站位（个）	女厕位总数（个）	坐位（个）	蹲位（个）
1	0	1	0	1	0	1
2	0	1	1	2	1	1
3	1	1	1	3~6	1	2~5
4	1	1	2	7~10	2	5~8
5~10	1	2~4	2~5	11~20	3	8~17
11~20	2	4~9	5~9	21~30	4	17~26
21~30	3	9~13	9~14	—	—	—

注：表中厕位不包含无障碍厕位。

　　另外，对于商业空间的公共卫生间厕位数量，基于面积还有更具针对性的要求，如表 4-3：

表 4-3 商业公共卫生间厕位数量

购物面积（m²）	男厕位（个）	女厕位（个）
500 以下	1	2
501~1000	2	4
1001~2000	3	6
2001~4000	5	10
≥ 4000	购物中心面积每增加 2000m²，男厕位增加 2 个，女厕位增加 4 个	

注：1. 按男女如厕人数相当时考虑。
　　2. 应将各商店的面积合并计算后，按上表比例配置。

　　以上均为强制性要求，在进行购物中心公共卫生间设计时，必须严格遵守执行。在实际项目中，为了缓解某些高峰时段女卫排队时间过长的情况，往往会在以上比例的基础上偏向于增加女厕位数量，有时增幅甚至在 1.5 倍以上。

公共卫生间的尺度要求

　　公共卫生间卫生设备间距及相关尺寸应符合下列规定。

　　（1）洗手盆或盥洗槽水嘴中心与侧墙面净距不应小于 0.55m（图 4-298）。

（2）并列洗手盆或盥洗槽水嘴中心间距不应小于 0.70m（图 4-298）。

（3）单侧并列洗手盆或盥洗槽外沿至对面墙的净距不应小于 1.25m（图 4-298）。

（4）双侧并列洗手盆或盥洗槽外沿之间的净距不应小于 1.80m（图 4-299）。

（5）并列小便器的中心距离不应小于 0.70m，小便器之间宜加隔板，小便器中心距侧墙或隔板的距离不应小于 0.35m，小便器上方宜设置搁物台（图 4-300）。

（6）单侧厕所隔间至对面洗手盆或盥洗槽的距离，当采用内开门时，不应小于 1.30m；当采用外开门时，不应小于 1.50m（图 4-301、图 4-302）。

（7）单侧厕所隔间至对面墙面的净距，当采用内开门时，不应小于 1.10m；当采用外开门时，不应小于 1.30m（图 4-303、图 4-304）。

（8）双侧厕所隔间之间的净距，当采用内开门时，不应小于 1.10m；当采用外开门时，不应小于 1.30m（图 4-305、图 4-306）。

图 4-298

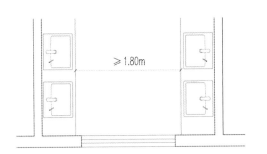

图 4-299

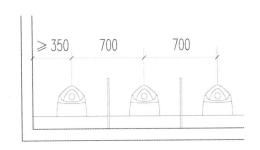

图 4-300

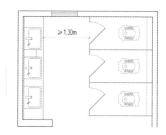

（内开门）

图 4-301

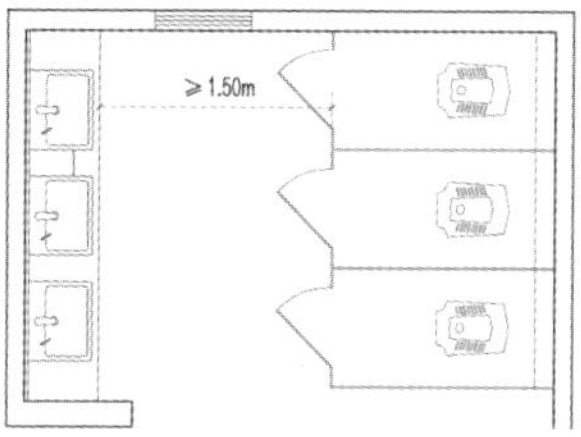

（外开门）

图 4-302

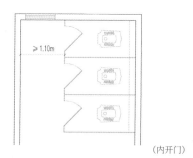

（内开门）

图 4-303

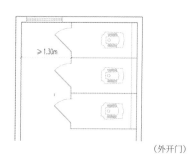

（外开门）

图 4-304

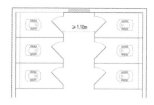

（内开门）

图 4-305

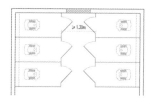

（外开门）

图 4-306

（9）单侧厕所隔间至对面小便器或小便槽的外沿的净距，当采用内开门时，不应小于1.10m；当采用外开门时，不应小于1.30m。小便器或小便槽双侧布置时，外沿之间的净距不应小于1.30m（小便器的进深最小尺寸为350mm）（图4-307、图4-308）。

（10）厕所隔间平面尺寸，见表4-4所示。

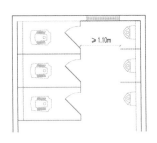

（内开门）

图4-307

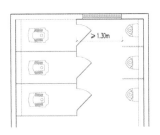

（外开门）

图4-308

表4-4 厕所隔间平面尺寸

类别	平面尺寸（宽度 m× 深度 m）
外开门的厕所隔间	0.9×1.2（蹲便器） 0.9×1.3（坐便器）
内开门的厕所隔间	0.9×1.4（蹲便器） 0.9×1.5（坐便器）

4.6.4 购物中心卫生间分类设计要点

购物中心公共卫生间一般分为男女公共卫生间、无障碍卫生间（图4-309）、母婴室（图4-310）等。过去，母婴室没有受到充分重视，而现在已经渐渐成为购物中心的标准配置。

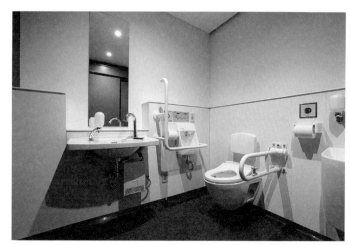

图 4-309 无障碍卫生间

图 4-310 母婴室

男女公共卫生间

（1）平面布置

　　购物中心男、女公共卫生间的设计中要注意以下要点。

　　a. 分区明确、集中布置、动线合理，如盥洗区、小便区、厕位区的布置要各自集中，且动线顺序合理（图4-311）。

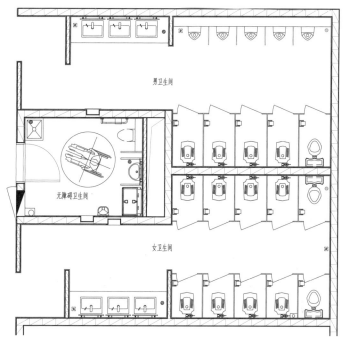

图 4-311 紧凑合理的公共卫生间布局

　　b. 使用流程无接触的原则在越来越多的商业空间卫生间里得到认可，所以无门式的布局形式也在一定程度上成为标配。无门式布局要考虑视线的有效遮挡（包括镜面的折射角度），一般可能会增加动线占用的面积，设计时应在尽量减少走道面积和长度的情况下予以充分考虑（图 4-312）。

　　c. 考虑到购物环境中人群的多样性，所以卫生间在满足规范类各种尺寸规定的前提下，可以增加附属功能来体现人性化设计，提升消费者的体验感，比如，在女卫生间设置化妆区，按比例设置儿童洁具等，这些附加的功能可能对整体的空间没有颠覆性的影响，但是在使用中对体验感的提升非常明显（图 4-313、图 4-314）。

图 4-312 无门式卫生间已经是购物中心的常用做法

图 4-313 女卫生间中的化妆台　　　　图 4-314 公共卫生间里的儿童洁具

（2）吊顶设计

一般公共卫生间的吊顶设计以干净、整洁、柔和为原则，避免出现过于复杂的造型。入口区的吊顶在设计中需要起到导引性的作用，可以通过与通道的界面做明显区分，加入导向性的造型线条或者肌理纹路、方向性的灯光等形式来实现导引作用。

盥洗区的天花板照明是在设计中需要格外注意的，天花板光源位置应尽量靠近墙面，同时可以设计镜前灯作为补充，避免出现暗区。在盥洗区的设计中也可以把墙顶统一为一种做法，以强调区域性（图 4-315、图 4-316）。

图 4-315 盥洗区的重点照明在设计中应予以足够的重视　　　　图 4-316 盥洗区区域感的强调

男卫小便池区域的天花板照明也需要尽量设置在贴近墙面的适当位置，防止使用过程中出现暗区（图 4-317）。

卫生间吊顶中喷淋、烟感、空调风口、广播、检修口等设备点位需要在布置的时候进行整体设计，可以结合造型规律性地排布，以达到美观的效果。除了这些常规设备外，隔间内还需要设置排风口，有条件的话可以在每个厕位隔间单独设立，在隔间墙不到顶的情况下也可以设置在两个隔间中间，或统一设置在厕位间后区。需要注意排风负压要达到一定的标准，以保证气味不会扩散出去（图 4-318、图 4-319）。

图 4-317 小便区的重点照明

图 4-318 每个厕位均设置排风口

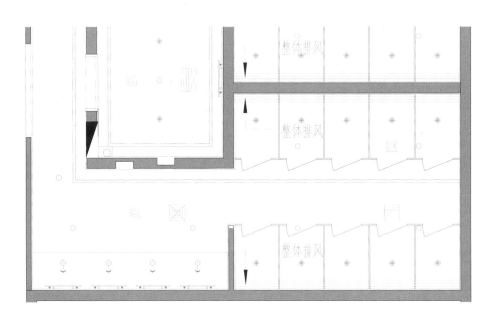

图 4-319 统一设置的整体性排风口

在材料的使用上需要考虑防水防潮类型的材料，金属板、防水石膏板是应用最广的材料。

（3）立面设计

购物中心卫生间立面上的设计要注意以下几项内容。

a.立面标识：公共卫生间建议设置双重标识，即在公共卫生间外公共走道的卫生间入口处设置第一层标识，在进入卫生间的第一正面墙上设置第二层标识，以尽量降低误入概率（图4-320、图4-321）。要注意在入口处避免反射材料将卫生间内场景映射到卫生间外。

b.立面材料：墙面的材料一般都采用易于清洁和维护的光面石材、瓷砖、玻璃等，根据需要可以使用马赛克、金属板等。在墙面材料的处理上，需要注意规格装饰材料的模数和排列起点及方向，还要关注墙面与地面材料对缝的问题，以达到完整、整齐的空间秩序（图4-322）。

图4-320、图4-321 两个层次的标识可以进一步降低误入的概率

图4-322 卫生间立面材料之间的对缝及立面与地面材料之间的对缝

c. 立面设施：公共卫生间设施需要在设计中进行合理设置及整合，既要保证使用便捷、配置合理，又要考虑其美观性。比如，盥洗区的墙面就能整合很多设备，可以在镜面后方设置暗藏式皂液器和纸巾盒，但要注意应有较为明显的标志（图 4-323）。

在置物方面，男卫小便处结合小便斗上方设置置物台（板），在隔间墙面内设置置物挂钩、手机放置台等细节也体现着设计的人性化（图 4-324、图 4-325）。

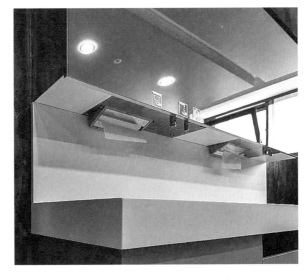

图 4-323 利用镜子背后的空间设置皂液器和纸巾盒

图 4-324 小便斗上方的置物台非常实用

图 4-325 厕位间里设置手机架也是人性化的体现

d. 公共卫生间厕位隔断应采用坚固、易清洁的材料，如抗倍特板。接触地面部分采用金属护角，也可以使用专用支架。一般厕位隔断不直接落地，与地面保留 100mm 的空隙，减少卫生死角，易于冲洗清洁（图 4-326）。

图 4-326 厕位间隔板与地面留有空隙，对卫生清洁十分重要

（4）地面设计

商场卫生间的地面需要注意与外部公共走道的地坪高差问题，在设计时通常的做法是低于外部地面 20mm，防止液体外流，内部结合用水区域找坡至相应地漏的位置。

地面应采用防滑性好的铺装材料，一些重点的区域可以加防滑槽来处理。卫生间地面可以按区域进行划分，但是不宜出现过于复杂的图案类拼花，以免造成视觉混乱。

地面上的主要设备是地漏、清扫口以及部分洁具，地漏、清扫口的位置在确定总体方向后需要根据地面的铺装规格来进行微调，落地小便斗、蹲便器也需要尽可能规律性地排布。

地面基层的防水是整个工程的基础和重点，一般的卫生间有两道防水层，上卷墙面 300~500mm 的高度，也可以根据实际情况增加。

无障碍卫生间（家庭卫生间）

无障碍卫生间的设计标准需要按照《无障碍设计规范》（GB50763—2012）执行，与普通卫生间相比，其在尺度和部分设施上增加了一些特殊的要求，如内部要有直径不小于 1.5m 的净空间，以便于轮椅调转方向，增加呼救按钮，增加一系列扶杆、抓杆等。无障碍卫生间在照明上应尽可能明亮且照度均匀，减少暗影的影响。

有些购物中心还设置了家庭卫生间，也称第三卫生间，是供行动障碍者或协助行动不能自理的亲人（尤其是异性）使用的卫生间。此概念的提出是为解决一部分特殊对象（不同性别的家庭成员共同外出，其中一人的行动无法自理）如厕不便的问题，主要是指女儿协助老父亲、儿子协助老母亲、母亲协助小男孩、父亲协助小女孩等。在满足要求的情况下，无障碍卫生间可以和家庭卫生间整合设置（图 4-327、图 4-328）。

图 4-327 无障碍卫生间的设施　　　　　　　　　　图 4-328 无障碍卫生间照度标准较高

母婴室

（1）母婴室设置标准

购物中心母婴室的使用面积需要与建筑面积和日客流量的大小匹配：

建筑面积在 5000 ～ 10 000m^2 或日客流量超过 5000 人，应建立使用面积不少于 6m^2 的独立母婴室；

建筑面积超过 10 000m^2 或日客流量超过 10 000 人，应建立使用面积不少于 10m^2 的独立母婴室；

建筑面积超过 100 000m^2，以 10 000m^2 为基数，相应配建独立母婴室。

（2）母婴室的设计要点

母婴室的主要服务人群是哺乳期的女性和婴幼儿，在功能上需要实现哺乳安抚、更换尿布、清洗、冲泡奶粉的功能。

母婴室在分区上基本可以按照上述功能来布置，一般来说分为盥洗区域、哺乳安抚区域以及设备区（开水机、消毒设备等）。

母婴室原则上不设置厕具，如果确实有需要设置，则必须做独立的分区，包括独立通风，避免污染。

哺乳区光线不宜过亮，避免眩光对婴儿产生刺激，哺乳位最好有单独的软隔断，配以柔和的壁灯。

母婴室的设计宜采取温馨、亲切或充满童趣的风格，整体材料应符合环保的要求，且易于清洁、方便耐用（图 4-329~ 图 4-331）。

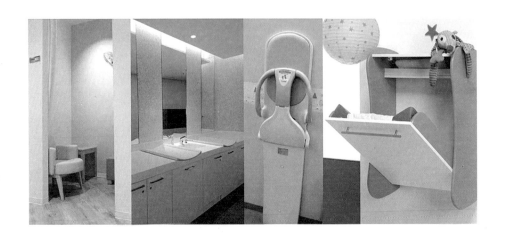

图 4-329 母婴室设备设施

图 4-330 温馨的母婴室

图 4-331 充满童趣的母婴室

清洁间

　　购物中心的清洁间最好设置为独立房间，设置空间需要能放置至少一辆清洁车，需要具有独立的上下水设施，并且可以放置相应的电气设备。墙、顶、地选择材料时以实用、耐用、易清洁为原则。

4.7 购物中心的自动扶梯、自动人行道（坡梯）

购物中心的扶梯是连接购物中心各个楼层的重要通道，也是载客效率最高的输送工具，更是整个购物中心动线组织的关键环节。而自动人行道（坡梯）是超市客流的必要保障（图332、图4-333）。

4.7.1 购物中心扶梯、自动人行道（坡梯）的设置

购物中心的扶梯作为客流的主要载体，其设置一定要遵从整个购物中心的动线设计逻辑，既要便捷、易于识别寻找，又要使顾客的视线能触及更多的店铺和商品，从而提高店铺的商业价值。

（1）购物中心扶梯、自动人行道（坡梯）的数量及位置。

设置购物中心扶梯的数量主要从购物中心单层建筑面积、单层动线长度、商业业态、所需运输人数等方面进行考虑。

如果按照单层建筑面积和单层动线长度考虑，一般来说，一组扶梯的服务半径在 25~50m。

图 4-332 自动扶梯

图 4-333 自动人行道（坡梯）

如果以商业业态和所需运输人数作为设置依据，则需计算每组扶梯的运输能力，从而确定扶梯数量。

扶梯的运输能力又分为理论运输能力和实际运输能力。其中，理论运输能力的计算可依据公式：$ct=3600 \times k \times v/0.4$，其中，$ct$ 代表扶梯的每小时理论运输人数，k 代表扶梯宽度系数，v 代表扶梯运行速度。国内自动扶梯的规格按照梯级宽度一般有 600mm、800mm、1000mm 三种规格，相对应的 k 取值为 1、1.5、2，其含义分别是 600mm 梯级理论上可以站立 1 人，800mm 梯级可以站立 1.5 人，1000mm 梯级可以站立 2 人。国内自动扶梯的额定速度一般有 0.50m/s、0.65m/s、0.75m/s 三种（自动扶梯、自动人行道的输送能力是一样的），如表 4-5。

表 4-5 自动扶梯及自动人行道（坡梯）的理论输送能力

梯级宽度（mm）	输送能力（运行速度 0.50m/s）	输送能力（运行速度 0.65m/s）	输送能力（运行速度 0.75m/s）
600	4500（人 / 小时）	5850（人 / 小时）	6750（人 / 小时）
800	6750（人 / 小时）	8775（人 / 小时）	10 125（人 / 小时）
1000	9000（人 / 小时）	11 700（人 / 小时）	13 500（人 / 小时）

而在实际使用过程中，不可能保证扶梯的每个梯级上都站满理论人数，比如，800mm 梯级宽度的电梯，理论上可以站立 1.5 个乘客，但实际上绝大多数情况下都是站立 1 个乘客。另外，在扶梯运行过程中，也不能保证每个梯级上都站有顾客，所以扶梯的实际运输能力与理论运输能力会有较大差距。据相关的研究统计，600mm 与 1000mm 梯级宽度的自动扶梯实际输送能力约为理论输送能力的 70%，而 800mm 梯级宽度的自动扶梯实际输送能力约为理论输送能力的 60%。我国的防火规范规定的输送人数为 0.3~0.6 人 /m²，如果取其高限，单层面积 10 000m² 的购物中心，采用梯级宽度 800mm、运行速度 0.65 m/s 的自动扶梯的话，根据其实际输送能力，一组扶梯可以用 1.17 小时输送完全楼层的顾客。在实际项目中可以以此作为参考依据确定扶梯数量。

现代的购物中心一般从地下停车场到顶层都会设置扶梯，但并不一定成组设置在同一平面位置。有的购物中心地下设有超市，则一般在超市层和停车层之间或超市层与首层之间设置自动人行道（坡梯）。当超市区域跨越两层时，也应当在其区域内设置自动人行道（坡梯）。当购物中心设有多组扶梯时，应有一定的设计规划，可以按设置位置、运输能力、装饰形式、扶梯宽度划分主次（图4-334）。

图 4-334 购物中心共享大厅设置多部扶梯直达不同楼层

（2）购物中心设置扶梯和自动人行道的作用。

a. 提升店铺可达性：自动扶梯可以将顾客迅速地输送到各个楼层，提升顾客在购物中心的行动效率，延长其有效滞留时间。

b. 提升店铺可见性：顾客位于运行中的自动扶梯上时，处于相对静止状态，可以有更多的精力从不同的角度浏览周围的店铺。

c. 提升高楼层商业价值：有的购物中心楼层数较多，为了提高高楼层的商业价值，会设置跨三层、四层，甚至更多层的大型扶梯，将顾客直接输送到商场相对的"冷区"，使其"升温"（图4-335）。

图 4-335 跨层扶梯能使购物中心的"冷区"变"热区"

（3）购物中心扶梯、自动人行道（坡梯）的下方，要根据相关要求设置消防和照明设施。

4.7.2 购物中心扶梯、自动人行道（坡梯）的设计参数

（1）购物中心扶梯、自动人行道（坡梯）的角度：自动扶梯的倾斜角不应大于30°，当提升高度不大于6m且名义速度不大于0.50m/s时，倾斜角允许增至35°。自动人行道（坡梯）的倾斜角不应大于12°。

（2）购物中心扶梯、自动人行道（坡梯）的宽度：自动扶梯和自动人行道的名义宽度不应小于0.58m，也不应大于1.10m。对于倾斜角不大于6°的自动人行道（坡梯），其宽度允许增大至1.65m。

（3）购物中心扶梯、自动人行道（坡梯）的扶手装置：当自动扶梯或倾斜式自动人行道（坡梯）和相邻的墙之间装有接近扶手带高度的扶手盖板，且建筑物（墙）和扶手带中心线之间的距离大于300mm时，应在扶手盖板上装设防滑行装置。该装置应包含固定在扶手盖板上的部件，与扶手带的距离不应小于100mm，并且防滑行装置之间的距离不应大于1800mm，高度不应小于20mm。该装置应无锐角或锐边。对于相邻自动扶梯或倾斜式自动人行道（坡梯），扶手带中心线之间的距离大于400mm时，也应满足上述要求。

4.7.3 购物中心扶梯、自动人行道（坡梯）的安全防护要求

（1）自动扶梯的梯级或自动人行道的踏板（胶带）上方，垂直净高度不应小于2.3m（图4-336和图4-337的h_4）。该垂直净高度应延伸到扶手转向端端部。

（2）为防止碰撞，自动扶梯或自动人行道（坡梯）的周围应具有符合图4-337规定的最小自由空间。从自动扶梯的梯级或自动人行道（坡梯）的踏板（胶带）起测量的高度b_{12}不应小于2.1m。扶手带外缘与墙壁或其他障碍物之间的水平距离（图4-337的b_{10}）在任何情况下均不应小于80mm；扶手带下缘与墙壁或其他障碍物之间的垂直距离不应小于25mm（图4-338的b_{12}）。如果采取适当措施能降低发生伤害的风险，则该空间可适当减小。

（3）对于平行或交叉设置的自动扶梯或自动人行道（坡梯），扶手带之间的距离不应小于160mm（图4-337的b_{11}）。

（4）如果建筑障碍物会引起人员伤害，则应采取相应的预防措施。尤其是在与楼板交叉处以及交叉设置的自动扶梯或自动人行道（坡梯）之间，应在扶手带上方设置一个无锐利边缘的垂直防护挡板，其高度不应小于0.3m，

且至少延伸至扶手带下缘 25mm 处，例如，采用一块无孔的三角板（图 4-336 和图 4-339 的 h_5）。如果扶手带外缘与任何障碍物之间距离大于或等于 400mm 时，则无须遵守该要求。

（5）在自动扶梯和自动人行道（坡梯）的出入口，应有充分畅通的区域，以容纳人员。该区域的宽度至少为扶手带外缘之间距离加上每边各 80mm，其纵深尺寸从扶手装置端部算起至少为 2.5m。如果该区域的宽度增至扶手带外缘之间距离加上每边各 80mm 的两倍及以上，则其纵深尺寸允许减少至 2m。对于连续布置的自动扶梯和自动人行道（坡梯），畅通区域的纵深尺寸应根据具体情况确定，当自动扶梯或自动人行道（坡梯）的出口可能被建筑结构（如闸门、防火门）阻挡时，在梯级、踏板或胶带到达梳齿与踏面相交线之前 2.0～3.0m 处，在扶手带高度位置应增设附加紧急停止开关。该紧急停

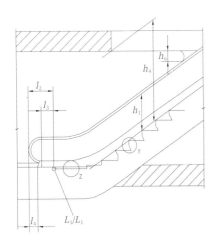

图 4-336 自动扶梯主要尺寸（主视图）

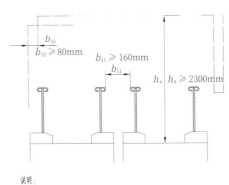

说明：
1—障碍物（例如：柱子）
注：图示未按照比例，仅用于图解说明。

图 4-337 建筑物结构与自动扶梯或自动人行道之间的距离

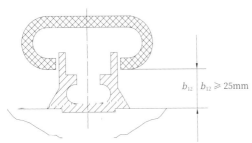

图 4-338 自动扶梯或自动人行道主要尺寸（局部视图）

图 4-339 防误用装置

止开关应能从自动扶梯或自动人行道
（坡梯）乘客站立区域操作。

　　（6）如果人员在出入口可能接
触到扶手带的外缘并发生危险，如
从扶手装置处跌落，则应采取适当
的预防措施（图 4-340）。例如，设
置固定的阻挡装置以阻止人员进入该
空间，或在危险区域内，将由建筑结
构形成的固定护栏至少增加到高出
扶手带 100mm，并位于扶手带外缘
80 ～ 120mm。

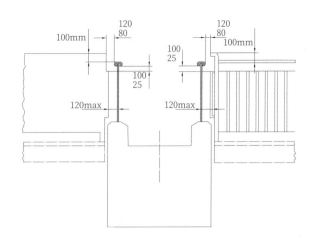

图 4-340　出入口阻挡装置示例

4.7.4 购物中心自动扶梯、自动人行道（坡梯）的装饰设计

　　由于购物中心的自动扶梯、自动人行道（坡梯）是人流聚集的重要位置，
所以设计时也往往会对其进行重点处理，以提升商业环境品质、突出引导性，
并设法利用其商业传播价值。

自动扶梯、自动人行道（坡梯）的装饰设计方法

　　对于自动扶梯、自动人行道（坡梯）的装饰方式，通常有以下几种手法。

（1）造型、色彩装饰

　　购物中心经常会利用各种材料和造型对自动扶梯、自动人行道（坡梯）的
箱体进行处理，使其成为空间中的亮点（图 4-341~ 图 4-343）。

（2）照明装饰

　　自动扶梯、自动人行道（坡梯）的箱体上可以设置灯带、灯槽、透光膜，
也可以设置图案化的金属装饰板，不但能解决此区域的照明问题，还可以带来
很好的装饰性和引导性（图 4-344~ 图 4-347）。

图 4-341 巴黎乐蓬马歇商场的扶梯造型俨然成为空间亮点和吸客热点

图 4-342 扶梯箱体的不同装饰材质，能产生特殊的空间效果

图 4-343 马尔默商业购物中心漂亮的彩色扶梯极为醒目，具有很强的导引性

图 4-344 北京颐堤港扶梯的灯带装饰

图 4-345 扶梯底部的蓝色发光灯槽精致、惹眼

图 4-346 附体采用透光膜的装饰处理，照度均匀，没有接口暗影，装饰效果极佳

图 4-347 极具设计感的金属穿孔板扶梯装饰手法

（3）动态影像

随着科技的发展，动态显示技术的应用越来越普遍，在自动扶梯、自动人行道（坡梯）的箱体的底面或侧面设置动态显示设备（如 LED 显示屏）从技术上变得更加简单易行。这样就可以根据不同的需要播放不同的内容，如广告促销、节日气氛渲染、装饰图案等，其不断变化的画面效果，显示的不同色彩，还会给周边环境带来不同的氛围感受（图 4-348、图 4-349）。

（4）广告装饰粘贴图

在自动扶梯、自动人行道（坡梯）的侧挡板上使用半透明或不透明粘贴图，是一种低投入的装饰手段，方便实施和更换，也可以起到广告促销、渲染气氛的作用（图 4-350、图 4-351）。

图 4-348 扶梯底部的 LED 屏   图 4-349 扶梯侧面的 LED 屏

图 4-350 扶梯侧面的粘贴图有很好的广告效应　　　　图 4-351 扶梯侧面有趣的粘贴图

自动扶梯、自动人行道（坡梯）的装饰材料和构造做法

自动扶梯、自动人行道（坡梯）的装饰材料以耐磨、易清洁的金属板、玻璃为主，材料本身可以具有较好的观赏性。几种常见的构造做法如图 4-352~图 4-355 所示。

铝板专用挂件
木块
LED灯带
扶梯结构示意

铝板专用挂件
暗藏LED灯槽（色温4000k）
扶梯结构示意

图 4-352 扶梯灯带详图示意　　　　　　　　图 4-353 扶梯灯槽详图示意

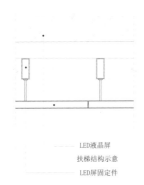

LED液晶屏
扶梯结构示意
LED屏固定件

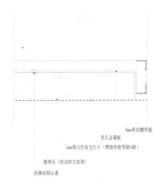

9mm厚硅酸钙板
穿孔金属板
5mm厚白色发光灯片（燃烧性能等级A级）
散热孔（防虫防尘处理）
扶梯结构示意

图 4-354 扶梯 LED 屏详图示意　　　　　　　图 4-355 扶梯穿孔金属板详图示意

4.8 客梯厅与客梯轿厢

4.8.1 客梯厅

购物中心的客梯厅，是商业动线竖向组织的重要部分，尤其对于层数较多的购物中心来说，顾客乘坐垂直电梯的频率还是较高的。所以，客梯厅也是购物中心公共区域装修设计的重点。

客梯厅的设计原则

购物中心的客梯厅一般应遵守以下设计原则。

（1）统一性原则，即作为购物中心公共区域的一部分，客梯厅的设计风格和设计元素应遵循和沿用购物中心整体的风格和设计元素。

（2）功能性原则，购物中心的客梯厅除满足顾客候梯所需的足够空间外，还要满足以下商业功能性需求。

a. 楼层指示：客梯厅应在电梯门对应立面设置明显的楼层指示，给顾客以明确的提示，避免由于顾客误判产生混乱而带来的安全隐患。

b. 店铺水牌：在客梯厅设置本楼层商家店铺的明确信息，既有利于商户推广，又便于顾客查找，也能增加顾客候梯时的商铺信息摄入。

c. 广告灯箱或显示屏：顾客在客梯厅候梯时，相对静止时间较长，因此，此区域的广告宣传效率相对较高，应予以充分利用。

客梯厅的设计方法

（1）整体化，即购物中心的客梯厅与购物中心其他公共区域的装修设计风格保持一致，强调空间的连贯性和导引性，追求整体的设计效果（图4-356、图4-357）。

（2）功能化，即不过分强调客梯厅的装饰效果，更加注重客梯厅的功能性和利用客梯厅的商业价值，如商家店铺的水牌、广告灯箱或电子显示屏（图4-358~图4-360）。

图 4-356、图 4-357 追求整体化效果的客梯厅设计

图 4-358 客梯厅的水牌使顾客对本层的品牌和商户一目了然，具有直接引导消费的作用

图 4-359 由于顾客在客梯厅的静止停留时间相对较长，所以客梯厅的灯箱广告效果非常突出

图 4-360 客梯厅的电子显示屏使广告宣传效率大大提升

（3）景观化，即利用客梯厅这一购物中心中相对独立的空间进行景观化设计，以此提升购物中心的空间品质并满足商业诉求（图4-361、图4-362）。

图4-361 在客梯厅设置景观是购物中心越来越频繁采用的装饰手法

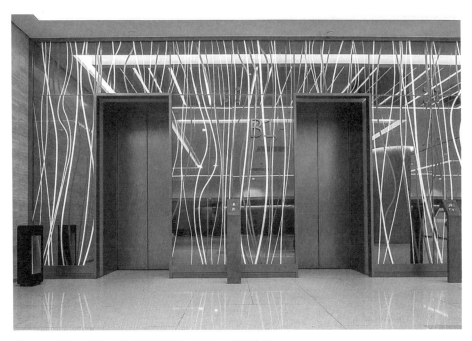

图4-362 客梯厅墙体的艺术装饰效果本身就可以形成景观

客梯厅重点部位设计要点

客梯厅作为购物中心客流比较密集的区域，在设计时要注意以下几个部位的细节设计。

（1）电梯口：电梯口是人们进出电梯经常触及的部位，应采用牢固的构造做法，使其不易因碰撞造成损坏。选择的装饰材料也应当是易清洁的耐磨材料。尽量避免梯口阳角呈现尖角和直角，采用开敞角度及倒圆角的处理方式更好（图 4-363）。

（2）电梯到站指示和楼层显示：客梯厅内应设置电梯到站提醒指示灯，且此指示灯不要被装饰造型遮挡，要有尽量宽的可视角度，最好是突出于梯口墙面，通常有到站点亮、到站闪烁、到站变色等几种提醒方式。电梯到站提醒指示灯设计得越大，变化越明显，在实际项目中效果越好。电梯楼层显示也是必要的，能使顾客对电梯运行有所预判，目前也有很多项目将其与广告显示屏结合，能提升广告价值，但应将其中的楼层数字设计得明显、易识别（图 4-364、图 4-365）。

（3）客梯厅楼层指示标识：客梯厅楼层指示标识应设置于电梯口对面的墙面上，不能过低，否则容易被候梯人群遮挡；也不宜设置得过高或安装在吊顶上，否则不易被注意。楼层指示标识应明显区别于墙面装饰的材料和造型，设置于几部电梯的居中区域。如果客梯厅两侧均设有电梯，则可将其设置于两侧梯口之间的墙面上（图 4-366、图 4-367）。

图 4-363 电梯口的圆弧处理使其具有更好的通过性，并且能够避免磕碰

图 4-364、图 4-365 电梯到站指示和楼层显示

图 4-366 非常醒目的客梯厅楼层指示标识

图 4-367 客梯厅两侧均设置楼层指示标识

客梯厅的装饰材料

购物中心的客梯厅的主要装饰做法及材料，与购物中心室内的公共走道及其他公共区域相近。吊顶以采用石膏板、金属板为主；墙面多采用石材、瓷砖、金属板、玻璃等；地面采用耐磨损、防滑性好的石材、瓷砖等。

4.8.2 客梯轿厢

购物中心的客梯轿厢设计应以简洁、耐用、易清洁为原则，轿厢正对开启门的厢壁为主设计面，两侧次之，也可以采用相同的立面做法。宜采用玻璃、铝板、拉丝不锈钢等轻质耐磨材料，尽量不使用石材等密度大的装饰材料。轿厢顶部宜采用漫射面光源或其他防眩光照明，照度一般控制在 200~300 勒克斯，风口宜采用隐藏式设计。地面一般以石材为主，注意不要选用易污损石材。厢壁设置的扶手也应采用耐磨、易清洁材质，并设计为圆滑造型，避免给顾客带来碰撞损伤。

在进行轿厢装饰设计时要特别注意，设计的构造和材料荷载之和不能超过电梯厂商预留装饰荷载量（图 4-368、图 4-369）。

图 4-368 简洁的电梯轿厢　　　　　　　　　图 4-369 装饰感强烈的电梯轿厢

4.9 客服中心、服务台、收银台、导览设施

在购物中心中，工作服务人员会直接与顾客产生面对面接触的服务区域主要有三个，分别是客户服务中心、服务台和收银台，基于其服务客户的属性，在设计时既要满足服务功能需要，还要充分顾及顾客的人性化需要。

4.9.1 客服中心

客服中心，也称客户服务中心、客户接待中心，当购物中心引入会员制时，也会作为会员服务中心。其作用主要有接待顾客咨询、开具发票、办理会员卡（或VIP卡）、客户资料登记保存、处理客诉关系、收集顾客意见、处理退换货、礼盒包装及寻人寻物（也可安排在服务台）等。

（1）客服中心的设置及布局

客服中心面积一般在 60~100m^2，原则上安排在顶层或地下，不要占用商业价值大的店铺空间，但也要邻近主通道，易于寻找。尽量靠近客用直梯，远离办公区入口。客服中心主要由接待区、客户等候区、洽谈区、陈列区、库房等区域组成（图 4-370）。

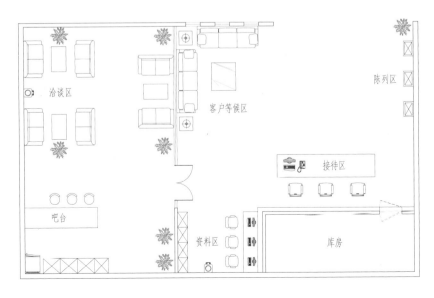

图 4-370 客服中心平面功能示意

（2）客服中心的装修设计

客服中心的装修设计应延续购物中心整体风格，符合购物中心的商业定位和诉求，营造更趋向温馨、淡雅的环境，使顾客感受到轻松、亲切的氛围。不要采用过于刺激、热烈的色彩和造型。

客服中心的吊顶建议采用石膏板吊顶，立面多采用壁纸和木饰面，地面采用拼装地毯、胶地板或强化木地板。整体空间照度适中，不宜过亮或过暗（图4-371、图 4-372）。

图 4-371、图 4-372 客服中心的装修设计应给顾客带来亲切、轻松的感受

4.9.2 服务台

购物中心的服务台是购物中心的"窗口"，不但要满足其功能诉求，还要体现购物中心的品质和服务水准。

（1）服务台的设置

购物中心的服务台一般设置在几个区域：购物中心入口处；扶梯或垂直观光电梯附近；某一楼层尽端（图4-373~图4-375）。

（2）服务台的主要功能

服务台作为购物中心最贴近顾客的服务设置，其功能也是围绕着顾客的需求设立的，主要包括应对顾客的咨询（如店铺及方向指引、服务内容及公共设施介绍）、宣传手册及促销广告的发放、轮椅及婴儿车的租借、物品寄存、寻人寻物、紧急医药箱，等等。所以，在设计时应充分考虑使用功能，合理设置相关功能所需的设施和空间。

图4-373 购物中心入口区域的服务台最容易被顾客发现，可以在第一时间提供服务

图 4-374 自动扶梯是购物中心人流汇集的区域，在此处设置服务台十分方便顾客咨询

图 4-375 在购物中心较高楼层的动线尽端设置服务台，可以不占用商业价值较高的位置

（3）服务台的装修设计

　　服务台的装修设计应当遵循购物中心整体公共空间的设计风格，亦可成为空间中的亮点（图 4-376、图 4-377）。

图 4-376 服务台与购物中心的风格相融合，使商业环境具有非常好的统一性

图 4-377 服务台也可以突出其装饰性，成为空间中的亮点

以下是服务台的设计要点：

a. 尺度：服务台的高度一般在 900~1100mm，也可以根据功能需要，采用不同高度结合；长度一般不小于 3000mm，至少可以满足两个工作人员同时进行服务；宽度一般不小于 600mm；服务台与其后背景墙的距离不宜小于 1000mm。

b. 用材：服务台采用的装饰材料主要为实木、复合板材贴木皮或防火板、金属板、玻璃、天然石材、人造石等，最好选用易清洁、耐磨的材料（图 4-378~图 4-381）。

图 4-378~ 图 4-381 不同材质和风格的服务台设计

c. 照明：服务台的照度一般应高于其他公共区域的平均照度，其台面照度宜高于 400 勒克斯（图 4-382）。

d. 标识：服务台应设置醒目的服务台标识，最好设置在服务台上方，避免被咨询顾客遮挡（图 4-383）。

图 4-382 服务台区域照明的控制

图 4-383 服务台标识应简洁醒目

4.9.3 收银台

购物中心的收银台已经不再是标准配置，很多购物中心都是由商家店铺自己负责收银工作，所以收银台的设置与否还要取决于购物中心的运营方式。

（1）收银台的设置

收银台应在购物中心需要的区域均匀布置，每个收银台的服务半径为30m，收银台通常不设置在主动线上，避免占用商业价值高的空间，一般应背靠实墙或柱子设置（图 4-384、图 4-385）。

（2）收银台设计

收银台台面高度一般在 1100~1200mm，上方安装透明安全玻璃，应在收银台柜体前设置置物台，方便顾客付款时放置提包或其他物品，置物台进深不小于 150mm，收银台内部应放置收银柜、显示器和主机箱。收银台装修材料一般为烤漆、木饰面、金属板等（图 4-386）。

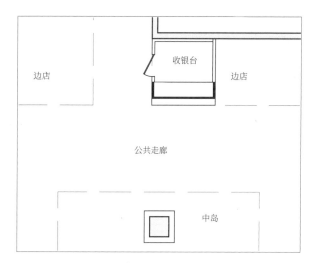

图 4-384 背墙设置收银台

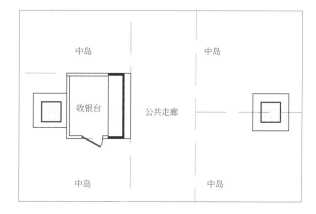

图 4-385 靠柱设置收银台

图 4-386 开放式收银台

4.9.4 导览设施

目前，很多购物中心都设置了大量导览设施，主要包括导览台、导览屏、互动式导览系统等。一般设置区域为门厅入口和自动扶梯附近。设置导览设施不仅方便顾客查询，还节省了服务人力、提高了服务效率，同时也是购物中心品质的体现（图4-387、图4-388）。

图 4-387 设计感极强的导览屏

图 4-388 移动的导览机器人已经成为购物中心的新亮点

4.10 休息区

购物中心发展至目前阶段，越来越重视顾客在购物中心里的过程感受，不只是直接的消费感受，其他间接感受也成为增加顾客黏性、提高商业品质的重要环节。为了适应这种需求，设置购物中心休息区越来越普遍。

4.10.1 休息区的功能要素

（1）满足顾客对休息的刚性需求。目前，购物中心越做越大，五六万平方米以上规模的项目非常普遍，顾客在购物过程中需要一定的休息空间来缓解疲劳。

（2）增加顾客的滞留时间。舒适的休息空间能使顾客在较好地休息过后继续在购物中心中消费，大大增加了顾客在购物中心的滞留时间，从而带来更多的商业效益。

（3）直接带来的消费机会。良好的休息环境及其附近合理搭配的消费业态，可以使顾客在休息期间产生消费行为。

（4）满足顾客的特殊需求。给予陪伴购物的顾客良好的休息环境，能使购物顾客更专心、有效、长时间地进行消费，比如，"老公休息区""儿童托管休息区""老人休息区""孕妇休息区"等，且应对其进行具有针对性的细节设计（图4-389、图4-390）。

（5）良好的休息区设计能有效提高购物中心的环境品质（图4-391）。

图 4-389 某购物中心的老公休息区

图 4-390 日本 OPA2 购物中心的儿童休息区

图 4-391 休息区的设计越来越能体现购物中心的品质

4.10.2 休息区的设置原则

购物中心休息区的设置一般要遵循以下原则。

（1）设置在主要公共空间，如共享大厅附近（图 4-392）。

（2）设置在公共走道附近（图 4-393）。

图 4-392 在共享大厅设置的休息区一般
规模较大，烘托购物中心品质的作用更
显著

图 4-393 设置在公共走道附近的休息区
一般规模较小，不会占用很多商业面积

（3）设置在景观区域（图 4-394）。

（4）设置在功能需求区域，如公共卫生间附近（图 4-395）。

图 4-394 休息区与景观结合体
现其自然属性

图 4-395 公共卫生间外设置休
息区，既充分利用了零散空间，
又体现出人性关怀

4.10.3 休息区的设计方法

（1）将休息区与景观结合设计（图 4-396、图 4-397）。

（2）休息座椅的艺术化处理，本身就形成了景观（图 4-398、图 4-399）。

图 4-396、图 4-397 休息区与景观的趣味性与功能性有机结合

图 4-398、图 4-399　艺术化的休息座椅本身就具有很强的观赏性，起到美化商业空间的作用

（3）利用动线上的非商铺立面，这样既节省了空间，又避免了非商铺立面阻断商铺立面带来不好的空间感受（图 4-400、图 4-401）。

（4）赋予功能性。在设计休息区时，要尽可能地附加人性化的使用功能，如手机充电、无线网络、饮料杯槽等（图 4-402、图 4-403）。

（5）注意休息区的私密性需求。休息区一定要能使顾客获得一定的私密性，才能带来舒适性，所以在设计中一定要对此予以重视，比如，休息区的照度应比邻近的公共空间的照度稍低，休息区地面或吊顶从造型、色彩、材质上也应与邻近的其他公共空间有所不同（图 4-404、图 4-405）。

图 4-400　自动扶梯玻璃隔墙旁设置的亲切、清新的休息区

图 4-401　休息座椅与背后的封闭墙面形成的场景

图 4-402、图 4-403 休息座椅的人性化功能设置

图 4-404、图 4-405 购物中心的休息区还要考虑一定的私密性需求，地面材质的变化和顶部造型处理都是限定空间的方式

4.11 商管办公区

4.11.1 商管办公区的设置及组成

购物中心需设立商管办公区来满足日常运营管理的需要，一般设置在购物中心中商业价值不大的区域（如地下），通常需要 400~600m²，其主要组成如表 4-6 所示。

表 4-6 商管办公区的组成

前台接待区	—	—
洽谈室	10m² 左右	2~4 个
小会议室	18m² 左右	1~2 个
大会议室	30m² 以上	1 个
总经理办公室	20m² 左右	1 个
运营经理办公室	14m² 左右	1 个
租赁经理办公室	14m² 左右	1 个
市场经理办公室	14m² 左右	1 个
工程经理办公室	14m² 左右	1 个
人事办公室	14m² 左右	1 个
财务办公室	20m² 左右	1 个
收银、总收办公室	共 20m² 左右	1 个
开放办公区	一般预留 20~30 个工位	

茶水间	$10\sim20m^2$	1个
更衣室	男女一共 $15\sim20m^2$	
档案室	$8\sim10m^2$	2~3个
机房	$8m^2$	1个
库房	$60\sim100m^2$	2~3个
卫生间	男女共 $30m^2$ 左右	

4.11.2 商管办公区的设计

在设计购物中心商管办公区时应注意以下几点:

(1) 布置紧凑、实用,提高使用效率;

(2) 布局合理,前后区分开,避免互相干扰;

(3) 具有一定的灵活性和可发展性;

(4) 装修设计简洁,保证办公区的照度要求。

4.11.3 商管办公区的装修材料

购物中心商管办公区的装修材料以简单、耐用的材料为主,吊顶可采用矿棉板吊顶或裸顶,地面可以用地砖、胶地板或地板漆,立面墙体可以石膏板乳胶漆为主,配合玻璃隔断。重要档案室需要用安全墙体。收银台的玻璃应使用安全防爆玻璃。

4.12 停车场

随着人们生活水平的提高，购物中心的停车场面积需求和使用率也在不断提高，所以，停车场的设计也越来越被重视。同时，停车场也不再只是单纯地满足顾客停车的基本需求，还是购物中心品质和商业诉求的体现，很多购物中心更是在不断挖掘停车场所能带来的商业价值。

购物中心停车场的设置基本在建筑规划设计时已经确定，一般分为地面停车场、地下停车场、楼顶或楼层中停车场，本书中主要对购物中心室内地下停车场进行设计分析。

4.12.1 购物中心停车场的平面布置

购物中心的停车场设计应满足有关规范和购物中心的运营要求，一般来说，按购物中心的建筑面积核算，每 $100m^2$ 应配备 0.7~1 个小客车停车位，如果购物中心中设有大型超市，则停车位数量还应增加。

购物中心地下停车场的平面设计要解决的主要问题有以下几个。

（1）客货分流：要根据建筑的具体条件最大限度地将顾客车流和货运车流分开，如有条件最好分层设置，如果没有条件单独设置货运停车层，也应设置相对独立的货车停放区域。避免顾客人流、车流与卸货区、垃圾清运区交叉。

（2）车流动线组织：要尽量设置单向车流，避免车流的交叉可能带来的混乱和拥堵。

（3）空间利用：要对停车场进行科学合理的设计，尽量布置更多的停车位，在一些不够设置标准停车位的空间，可以施划微型车车位。

（4）人行道设置：应设置人行道，尤其在人流集中的区域，如客梯厅附近。

（5）缴费口：应尽可能设置多个缴费口和线上缴费方式，避免高峰时段缴费口拥堵。缴费口前应设置一段不与停车车流产生交集的缴费车辆候缴区，避免因缴费带来的停车场车流阻塞。候缴区长度建议不小于 25m。

（6）设置分区与编号：为了顾客寻车方便，停车场应设置车位编号，一般喷涂于车位前方的地面。大型停车场还应进行分区标记，如 A、B、C、D、E 区并配以颜色区分。

（7）设置停车泊位系统：智能停车泊位系统可以通过停车位上方指示灯的红、绿变化，显示空车位的准确位置，便于顾客寻找，提高停车效率，有效减少停车场车流量。

4.12.2 停车场的装修设计

购物中心的停车场装修设计以满足管理使用及安全要求为主，在控制投资成本的情况下，根据购物中心的商业诉求进行合理的设计。

（1）停车场顶棚设计

停车场顶棚一般不做大面积的吊顶处理，通常只对地下停车场顶部的管线进行喷涂处理。

停车照明主要采用经济节能型光源和灯具，照度一般控制在 75~150 勒克斯，停车位区可以稍暗，而行车道和电梯厅附近稍亮，便于识别和引导（图4-406、图 4-407）。

图 4-406 地下停车场的顶部管线喷涂不同颜色，既有利于运营维护，又起到美化空间的效果

图 4-407 地下停车场照明应主次分明，在保证照明需求和照明效果的前提下，尽量减少能耗

（2）停车场立面设计

停车场立面除客梯厅区域外，一般墙面、柱面均以涂料为主，可以在不同的停车分区喷涂不同颜色的涂料，并标注停车区编号，更便于识别。不做整体喷涂，只喷涂统一高度的色带，也可以达到相似的效果。但色带的设置不要过低或过高，一般喷涂在距地面 1200～2100mm 的位置。

图 4-408 通高的涂色处理方式使分区十分明显

停车场立面中涉及车动线的墙面阳角及柱面阳角需做防撞处理，并涂绘显著标志（图 4-408、图 4-409）。

（3）停车场地面设计

购物中心停车场地面一般采用环氧树脂耐磨地坪，厚度不低于 20mm，也可以根据不同的停车分区选用不同的颜色，但应与同区域立面的颜色一致，并对行车道、步行道、车流导向予以区分和标记（图 4-410、图 4-411）。

图 4-409 喷涂色带的方式更加简便，且视觉效果更加轻盈

图 4-410 墙、顶、地采用同色处理，识别性更强，配以灯光，产生了非常好的装饰效果

图 4-411 地下停车场步行道的设置是购物中心人性化的体现

4.12.3 停车场的商业利用

购物中心停车场不再只是满足顾客停车的使用性要求，其商业价值也在不断地被挖掘，具体体现为以下几个方面。

（1）广告：停车场大面积的墙面和柱面是广告的优质载体，广告展板、灯箱、电子显示屏等可以被成规模地布置，无论与广告公司合作还是提供给购物中心的承租店铺，都能给购物中心带来良好的直接或间接的经济效益（图4-412、图4-413）。

图4-412、图4-413 地下停车场的广告收益不容忽视，广告牌还能在一定程度上解决照度问题

（2）寄生业态：购物中心的地下停车场可以着眼于顾客的需求，充分利用空间，既能提升购物中心的服务品质，又能带来出租效益。比如，汽车洗车美容、宠物美容、便民修理等，如果经营得好，也可以成为购物中心的吸客点（图 4-414~ 图 4-416）。

（3）采集数据：随着智能停车场的发展，相关数据的采集价值也越来越被重视，这些数据不但可以给购物中心提供指导性意见，还可以带来商业价值。

图 4-414~ 图 4-416 地下停车场的服务类业态已经成为购物中心吸客的方式之一，还能带来出租效益

CHAPTER

5

第 五 章

商业地产室内标识、
景观与展陈设计

5.1 购物中心的标识设计

购物中心标识系统是购物中心室内环境的重要组成部分，既是购物中心服务水准的表达，也是购物中心商业品质的体现。

5.1.1 购物中心室内标识系统的组成

购物中心的标识系统主要由以下几个方面组成。

（1）室内导向定位标识系统：立地式平面分布标识；商场指南标识；功能区域指示标识；安全出口指示；电梯口楼层指示牌；营业时间牌；楼层牌；广告架（图 5-1~ 图 5-4）。

（2）公共设施标识：洗手间引导标识；洗手间标识；办公区域标识；办公室门牌标识；果皮箱标识；母婴室标识；设备间、管井门标识；问讯处、收银台标识；ATM 机标识；其他功能设施标识；无障碍标识（图 5-5~ 图 5-12）。

图 5-1~ 图 5-4

图 5-5~ 图 5-12

（3）警示提示类标识：禁烟标识；请勿扶靠标识；节约用水标识；节约用电标识；危险警示标识；防滑标识；其他警示类标识（图 5-13~ 图 5-16）。

（4）交通类标识（主要是停车场）：通行和禁行标识；限速标识；停车引导标识；停车区和停车位标识；出口指示标识；停车缴费标识（图 5-17~ 图 5-20）。

（5）商业化标识：商业化标识是近年来使用量越来越大、越来越被顾客喜欢的一种标识类型，可以通过赋予标识内容和形式强大的设计感来提高购物中心的空间品质，引导和促进顾客消费（图 5-21~ 图 5-24）。

图 5-13~ 图 5-16

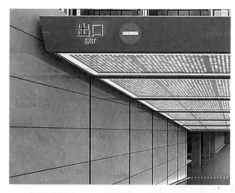

图 5-17~ 图 5-20

图 5-21~ 图 5-24 充满设计感的标识除了可以丰富、美化环境，还可以起到引导、刺激消费的作用

5.1.2 购物中心室内标识系统的设计原则

（1）遵从性原则，即要遵循购物中心的定位和商业诉求（图 5-25~ 图 5-28）。

（2）整体性原则，即要服从购物中心公共区域整体性装修要求，所形成的视觉感受应与环境成为一体（图 5-29、图 5-30）。

图 5-25、图 5-26 高品质的商业环境应该设置相对应的标识系统

图 5-27、图 5-28　时尚炫酷的商业空间标识系统起到突出氛围的作用

图 5-29、图 5-30　不同设计风格的室内环境应配置相应的标识系统

（3）识别性原则，即标识系统的设计应当简洁醒目、易于识别（图 5-31、图 5-32）。

（4）合理性原则，即标识系统的位置和内容要清晰合理，避免重复或缺失。

（5）实施性原则，即标识造型设计应合理而易于实施，且需要对成本进行控制。

（6）兼顾性原则，即设计时要考虑标识设置点周围的装修、设备、设施的情况，避免引起冲突。

（7）系统性原则，即整个购物中心的标识设计应当依照相同的设计逻辑，分清主次和梯级关系，采取统一的造型、材质处理手法，避免混乱（图 5-33~图 5-36）。

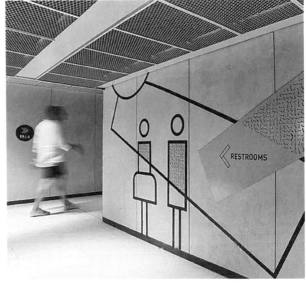

图 5-31、图 5-32 清晰、明确的标识设计

图 5-33~ 图 5-36 不同风格的系统性标识设计

5.2 购物中心的景观设计

目前，购物中心中呈现出越来越多的景观设计，这是在迎合购物中心从单纯的购物场所向生活场所演变的必然趋势。

5.2.1 购物中心室内景观的分类

（1）中心性景观，即在购物中心的中心区域（一般为共享大厅或主要商业动线上）设置的大型景观（图5-37、图5-38）。

（2）区域性景观，即在购物中心某个区域的中心或区域主要商业动线上设置的较大体量的景观（图5-39、图5-40）。

图 5-37、图 5-38 购物中心共享大厅里的中心性景观

图 5-39、图 5-40 区域性景观经常设置在购物中心的公共走道上

（3）散点式景观，即在购物中心某个具体空间或立面设计的小型景观（图5-41、图5-42）。

（4）连贯性景观，即将购物中心里各个中心性景观、区域性景观、散点式景观贯穿、集合于一体，从而形成购物中心的景观化场景（图5-43、图5-44）。

图5-41、图5-42 散点式景观可以分布在购物中心的各个位置，对购物中心的美化作用非常明显

图 5-43、图 5-44 新加坡樟宜机场购物中心景观的一体化设计

5.2.2 购物中心室内景观的作用

（1）成为购物中心的特色和亮点，达到吸引客流的目的。

（2）改善购物中心的购物环境，为顾客提供丰富、舒适的购物体验。

（3）形成购物中心内部的记忆点，增强顾客的位置感。

（4）提升闲置区域的价值，提高购物中心冷区"温度"。

5.2.3 购物中心室内景观的设计方法

（1）绿化景观：以绿化为主形成的景观，既能使顾客在室内感受到大自然的气息，又可以调节室内的湿度及空气中的含氧量（图5-45、图5-46）。

（2）室内景观室外化：将室外建筑、构筑物局部移植或新建于购物中心室内，会使顾客感觉室内空间更加开阔（图5-47、图5-48）。

图 5-45、图 5-46 绿化景观可以使购物中心充满自然气息

图 5-47、图 5-48 国内外的多种建筑元素在购物中心中得以应用

（3）水景：水景是中外购物中心经常采用的造景方法之一，动态的水景可以增加室内环境的活跃度，静态的水景可以产生倒影，使空间更加丰富（图5-49、图5-50）。

（4）艺术景观：艺术景观近年来在购物中心中出现得越来越普遍，它能为购物中心增加时尚气息，还可以作为展销品带来商业价值（图5-51、图5-52）。

（5）文化景观：历史文化、收藏文化、地域文化、民俗文化等都是设置文化景观的良好素材，对购物中心特色的形成、品质的提升都很有帮助（图5-53、图5-54）。

图5-49、图5-50迪拜购物中心的水景十分丰富，与当地干旱的气候有关

图 5-51 迪拜购物中心的现代艺术景观

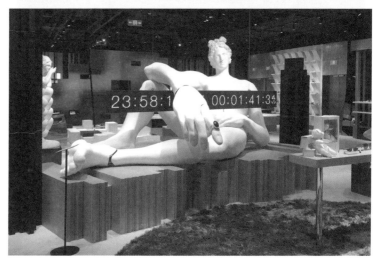

图 5-52 北京 SKP-S 富有思想内涵的艺术
景观

图 5-53、图 5-54 文化景观能引导顾客进行深入的解读

（6）科技景观：随着科技的不断进步和制造成本的大幅降低，更多的科技产品成为购物中心内极具时代感的景观（图5-55、图5-56）。

图5-55、图5-56 科技景观更能体现出商业项目的前沿性和时尚感

5.3 购物中心的展陈设计

购物中心的商业展陈，也称商业美陈，是将装置装潢艺术与商业环境和商业行为结合的产物，目前已经被购物中心大量采用，一般以非固定、可变换、具有时效性的形式出现，能给购物中心带来丰富多彩的空间效果，也能给顾客带来新鲜感，更重要的是，实现了购物中心的商业诉求。

5.3.1 购物中心展陈的分类

购物中心的商业展陈主要分为以下几大类别。

（1）日常展陈：指购物中心为了烘托商业氛围、提高商业品质装置的展陈，不针对某一特定主题，安置时间相对较长（图 5-57、图 5-58）。

图 5-57、图 5-58 购物中心的日常展陈

（2）节庆展陈：指购物中心在一些主要节日期间，如春节、新年、中秋节、端午节、圣诞节、情人节、母亲节、父亲节、重阳节等设置的展陈，目的是渲染购物中心的节日气氛，以促进销售（图 5-59~ 图 5-62）。

（3）推广促销展陈：现在越来越多的商业推广和产品促销不再满足于简单的商业介绍和产品展售，而是配套设置漂亮的展陈装置来吸引更多顾客的注意力（图 5-63、图 5-64）。

图 5-59~ 图 5-62 购物中心喜庆欢乐的节日展陈

图 5-63、图 5-64 购物中心的商业推广展陈已经成为吸引顾客的重要内容

（4）公益性展陈：购物中心为了吸引顾客，提升商业品质，经常会举办一些公益性的展览，如画展、艺术品展、收藏展等，好的展陈设计能产生更好的效果，实现商业诉求（图 5-65、图 5-66）。

图 5-65、图 5-66 公益性展陈已经是购物中心吸引客流、提高人气的重要方式之一

　　（5）节气性展陈：根据一年四季的变化和消费特点，购物中心会布置相应的展陈装置，显示和挖掘不同季节给顾客带来的消费需求。而这种方式还可以不断地细化，甚至细化到各个节气，如立春、立夏、芒种、秋分、冬至、大寒等（图5-67、图5-68）。

图5-67、图5-68 突出不同季节特点的商业展陈，不但可以带来不断变化的商业环境，还能激发顾客的消费欲望

（6）科技化展陈：科技的发展为展陈设计提供了广阔的舞台，科技场景、科技与人互动已经成为购物中心非常具有吸引力的卖点（图5-69）。

5.3.2 购物中心展陈的设计要素

（1）主题鲜明：商业展陈要有鲜明的主题元素，才能吸引顾客的目光。

（2）与周边商业环境的关系：临时的商业展陈的设置一定要考虑其周围的商业环境，避免引起冲突，尽量减少对周边店铺的遮挡。

（3）保障安全性：商业展陈要确保自身的安全性，如自身的结构安全、防漏电保护、防火安全等。

（4）照明控制：商业展陈装置一定要注意照明设计，包括照明来源、照度要求、光强对比等，这也是保证展陈达到预期效果的必要条件。

（5）安置环境的保护：商业展陈的设置一般都是临时的、可变换的，所以在设置时一定不能对原始条件环境造成破坏，包括其施工和使用环节。

（6）驳接条件：在商业展陈设计之前，一定要对现场可以提供的机电驳接条件落实准确，以保证设计的可实施性。

图5-69 "希望之蝶"（Butterflies of Hope）是由一群高达7m的巨型教堂玻璃蝴蝶及350多只幻彩玻璃蝴蝶组成的展陈装置，悬挂于香港利东街中庭及整条林荫大道，日夜各有特色

CHAPTER

6

第 六 章

商业地产机电设计

6.1 商业地产机电设计的内容和原则

商业地产的机电设计，虽然不如装修设计那样能明显地被顾客感知，却是项目的立足之本，整体机电设计的合理性会影响项目招商、运营、发展等各个方面，所以应当受到重视。

(1) 商业地产的机电设计内容

暖通空调系统；消防系统；给排水系统；强电系统；弱电系统。

(2) 商业地产机电设计原则

◆ 独立性原则：当商业地产（购物中心）位于一个多业态综合体时，其机电系统应独立于其他建筑功能区。

◆ 合理性原则：这里包含着商业地产机电系统涉及的若干方面。

a. 满足需求与投资控制的平衡合理性：合理地制定机电设计标准和需求，控制投资成本是设计时必须考虑的问题。

b. 业态布局和比例的合理性：如目前购物中心的餐饮业态的比例及其预设区域的合理性。

c. 系统设置和设备选型的合理性：购物中心的机电系统和设备选型，一定要考虑店铺合并及拆分的可行性。

d. 机电管线布局的合理性：合理的机电管线布局和路由设计，能节省大量的空间和投资成本。

◆ 发展性原则：在做机电设计时应考虑到项目未来发展变化的可能，在一定程度上满足这种可能性。

◆ 全面性原则：在做商业地产（购物中心）的机电设计时，不仅要考虑到常规的、规范和装修要求的内容，还要满足照明、景观、标识、展陈等多方面的要求。

◆ 实施性原则：机电设计应具有在平面和空间范畴内的可实施性，尤其体现在管线的综合方面。

◆ 维护性原则：机电系统的设计一定要考虑后期运营期间的日常操作、维护维修的可能性与便捷性。

6.2 商业地产的暖通空调设计

6.2.1 商业地产的空调设计参数

商业地产融合了多种不同的商业业态，其空调设计参数的确定对空调设计具有基础性的指导意义。具体设计参数可参考表 6-1。

表 6-1 空调参数参考表

项目	冬季室内温度（℃）	夏季室内温度（℃）	最小新风量（m³/h·p）	人员密度（m²/p）	冷量负荷（W/m²）	热量负荷（W/m²）
服装／百货类普通独立商户	18~20	26±2	20~25	2~3	160~250	110~160
精品零售名牌	18~20	26±2	30	3~5	160~250	110~160
独立餐厅	18~20	25±1	30	1~2	200~250	120~180
酒吧	18~22	23~26	20~25	2	100~180	90~120
宴会厅	21	23	30	1.5	180~350	120~180
咖啡店	21	24	10~20	2~5	200~350	120~140
美食广场／快餐厅	18~20	25±1	30	1~2	200~350	110~160
电影院	18~20	26±2	20~30	按座位数	150~250	110~160
水疗按摩	25	26	排风量的80%~90%	5	140~200	120~180
游泳池	29	29	—	9	200~350	90~180
KTV	21	24	30	2	180~280	150~220
健身房	18~20	26±2	20~30	2~4	180~300	120~180
美容美发／SPA	18~20	26±2	30	2	100~200	90~180

项目	冬季室内温度（℃）	夏季室内温度（℃）	最小新风量（m³/h·p）	人员密度（m²/p）	冷量负荷（W/m²）	热量负荷（W/m²）
儿童游乐区	18~20	26±2	30	1~2	120~180	100~160
电玩区	18~20	26±2	30	1~2	200~300	100~160
公共走廊(地上)	18~20	26±2	20~30	3~5	120~180	100~180
洗手间	18~20	26±2	—	—	—	—
更衣室	22~25	26±2	—	—	—	—
商场管理办公室	20~22	26±2	30	1~2	—	—
物业管理办公室	18~20	26±2	30	1~2	—	—
停车场	—	—	6次/小时	—	—	—
建筑面积总冷热负荷估值	—	—	—	—	125~180	100~120

关于新风负荷，由于新风量指标存在差别，新风冷负荷一般占总冷负荷的30%~40%，新风热负荷一般占总热负荷的50%~60%。餐饮业项目的补风与排油烟风机联锁，开启时段很少，餐饮业项目补风应根据项目的具体情况综合考虑在总负荷内。

上述参数是根据京津冀及环渤海区域的经验数据汇总整理而成的，仅作为一个数据范围参考，具体商业项目的计算，需要考虑南北地域差异、不同区域、不同楼层、临边区域、维护结构、日照、灯光和设备负荷等方面的因素。

6.2.2 通风系统设计

关于通风设计的一般性规定

（1）风管制作：通风系统的风管，应采用不燃材料制作。

（2）自然通风：商场内尽可能利用自然通风，对人员经常停留的空间，如能利用自然通风，则可以结合建筑设计提高自然通风效率。

（3）机械通风：使用机械通风时，除满足国家通用设计规程的要求外，还须满足商场中部分租户的一些特殊需求。

（4）合理设置风口，有效组织气流：合理设置风口的位置，有效组织气流，采取有效措施防止串气、串味，采用全部和局部换气相结合的方式，避免厨房、卫生间、吸烟室等处受污染的空气循环使用。

（5）主力租户分别独立设置通风和消防排烟系统：自然通风、机械通风、消防排烟系统均需要根据项目特点将主力租户（超市、影院、KTV等）与商场或其他区域分开设置，单独控制，便于后期运营及管理。

（6）需要设置独立排风的区域：地下车库、水泵房、制冷机房、锅炉房、发电机房、电梯机房、太阳能热水水箱间、变配电室、压缩机房、垃圾间（包括卸货区的干/湿垃圾间）、超市隔油间、化粪间、弱电间、卫生间、更衣间、中水机房等，当一般的机械通风不能满足室温要求时，应设置降温设施，如不能独立排风，需增设防倒流或逆止装置，以防止污浊气体倒流污染其他房间或区域。

（7）管井和百叶：所有的混凝土管井内需内衬镀锌铁皮，排风、新风百叶需要按照有效面积计算。

地下车库通风

（1）地下车库设置机械排风系统和补风系统。

（2）排风量计算：商业汽车出入频率高和车流量较大的地下车库排风量按照6次/小时设计；出入频率一般时，排风量按照5次/小时设计。当层高<3m时，按实际高度计算换气体积；层高≥3m时，按3m高度计算换气体积。

（3）排风系统：排风系统由排风机和射流诱导风机组成，射流诱导风机应根据距离设置，末端风速不低于0.5m/s。设置诱导风机不仅可以减少风管的截面，还可以提高通风换气的效果。

（4）补风系统：地库机械进风系统的进风量一般为排风量的80%~85%。车库应保持负压，避免汽车废气气味外溢。在停车场与商业连接的通道处采取措施，避免热压和风压差造成灌风带来的能量浪费和局部不舒适的体感。

（5）排风、补风系统的控制：地下车库排风、补风系统应按车库内的CO（一氧化碳）浓度进行自动运行控制，停车库中CO容许浓度应符合规定。

（6）地下车库的排风系统：地下车库的机械排风系统可与消防排烟系统结合设置，但必须使用双速风机，风机的排风量应满足排烟量的要求，系统设置和控制也应满足防火要求。

（7）应考虑气流均匀：地下车库采用有风管的机械进风、排风系统时，应注意气流分布均匀，减少通风死角。

（8）排风出口设置：当地下车库的排风出口升出地面时，不应朝向邻近建筑物和购物中心外的公共活动场所。

卫生间排风

（1）当设计商业部分及地库内的卫生间排气机时，排风通过管井排至屋顶，由机械排风机排至室外，卫生间排风量按照 10~15 次 / 小时计算。

（2）卫生间应设置集中的机械排风系统，在屋面设置总排风机，风机的选型须满足最远端排风量的需求。

（3）每个卫生间的排风总管、支管必须带调风阀，并且使排风口均匀分布，应注意气流分布均匀，减少通风死角。

变配电室通风

（1）变配电室的机械排风量应参考设备的发热量，按照热平衡计算确定，但变电室换气次数至少为 5~8 次 / 小时，配电室换气次数至少为 3~4 次 / 小时。

（2）变配电室的环境温度和湿度应根据相关设备所提要求来设定。设在地下的变配电室及其控制室或值班室，当一般的机械通风不能满足要求时，应采取降温措施。

（3）当采用机械通风时，气流应从高低压配电室流向变压器室，从变压器室排至室外。

（4）开闭所应设置独立的排风系统，且直通室外。

制冷机房通风

（1）制冷机房应设置独立的机械通风系统，制冷机房排风量为 4~6 次 / 小时，但需要校核是否满足消除设备发热量及事故通风量的要求，并根据制冷剂的种类设置制冷剂泄漏的检测器和报警器。

（2）制冷机房夏季温度不宜超过 35℃，冬季温度不应低于 10℃，如有值班室则需配置独立的空调。

锅炉房通风

（1）燃气燃油锅炉房的通风量不应小于 3 次 / 小时，事故排风量不应小于 6 次 / 小时。

（2）地下日用油箱间通风量不小于 3 次 / 小时。

（3）锅炉房的送风量应为排风量和锅炉设备燃烧所需的空气量之和。

（4）有爆炸危险的房间的通风设备应防爆，事故通风装置应与可燃气体探测器联锁。

（5）锅炉房排烟管道应做保温处理，采用耐高温的保温材料。

柴油发电机房通风

（1）柴油发电机房的夏季室温应不高于 35℃；冬季室温应不低于 5℃。

（2）柴油发电机房应设置独立的送排风系统，储油间应设通风设备，通风量不小于 5 次 / 小时。

（3）柴油发电机房排出余热所需的排风量应根据其容量及冷却方式计算确定。

（4）柴油发电机房的送风量为排风量和燃烧空气量之和。

（5）柴油发电机的排烟管应单独延伸至室外，排烟管的出口应做消声降噪处理，具体消声降噪措施参见国家标准图集《应急柴油发电机组安装》（00D202—2）。排烟管的室内部分应做保温处理。

电梯机房通风

电梯机房排风量应按照电梯设备发热量和电梯机房允许温度，按照热平衡计算确定。电梯机房应提供自带冷源的空调机组降温或设机械排风（一般取 5~15 次 / 小时），空调机应能根据电梯机房预设温度自动启停。

水泵机房通风

给水泵房、消防泵房、太阳能机房、净水机房的排风量按照 6 次 / 小时设计；污水泵房按照 8~12 次 / 小时设计；中水泵房按照不小于 10 次 / 小时的次数来设计；太阳能水箱机房按照不小于 5 次 / 小时设计。

垃圾房通风

垃圾房排风量按照 15 次 / 小时设计，湿垃圾房需有独立空调和降温防腐措施。

热力站通风

热力站的换气次数不小于 10 次 / 小时，值班室内需有独立的空调。

6.2.3 餐饮租户的排油烟及补风系统设计

餐饮通风系统设置要求

（1）餐厅、快餐店、水吧、咖啡厅、美食阁、美食街各小吃档口等含有厨房、备餐或操作台（间）等业态的厨房须设置排油烟及补风系统。商业项目餐饮通风系统主要由燃气事故排风机、燃气事故补风机、厨房排油烟净化设备、排油烟管道、补风管道组成。

（2）洗碗间、冷荤间、粗加工间还须设置排风及送风系统。

厨房排风量的确定

餐饮商铺根据租赁面积确定其厨房排风量，按表 6-2 预留管井和设备。

表 6-2 餐饮店铺厨房排油烟风量参数汇总表

面积	排风量	补风量
$S \leqslant 20\text{m}^2$	1000~3500 m^3/h	
$20\text{m}^2 \leqslant S < 40\text{m}^2$	3000~4000 m^3/h	
$40\text{m}^2 \leqslant S < 80\text{m}^2$	6000 m^3/h	
$80\text{m}^2 \leqslant S < 160\text{m}^2$	12 000 m^3/h	
$160\text{m}^2 \leqslant S < 240\text{m}^2$	16 000 m^3/h	按照排风量的 80%~90% 设计，维持厨房负压
$240\text{m}^2 \leqslant S \leqslant 320\text{m}^2$	20 000 m^3/h	
$320\text{m}^2 < S \leqslant 1000\text{m}^2$	25 000 m^3/h	
$1000\text{m}^2 < S \leqslant 1200\text{m}^2$	60 000 m^3/h	
$S > 1200\text{m}^2$	100 000~120 000 m^3/h	
开敞式咖啡店	8000 m^3/h（或按照西餐操作间面积 30~40 次 / 小时）	
美食广场洗碗间	排风量不小于 2500 m^3/h	
餐饮店铺在设计排风时，需要对送风量进行设计		

管井和管道设置要求

（1）按商业租赁面积的 30%~50% 预留餐饮业态的排风／送风竖井。

（2）考虑到后期运营需要，需在满足上述要求后再预留 2~4 个排油烟管井（可以根据项目规模相应增减），管井需要从一层地面通至屋面，且应在购物中心内按平面均匀布置。

（3）厨房排油烟风管独立设置，且应针对每一独立租户设置独立的排油烟和补风管道（共用井道）。

（4）为缓解一些小型租户的投资资金压力，一些集中设置的小型快餐、小吃店、商场自营美食阁、咖啡吧等可以设置共用排油烟管道及购物中心提供的共用排油烟设备。

独立餐饮租户的排油烟系统设计

（1）大厦提供排油烟管井和补风管井：从管井引至租户内 1m 处的排油烟管道要加装 150℃防火阀，油烟管井须内衬不锈钢；从管井引至租户内 1m 处的补风管道要加装 70℃防火阀，补风管井须内衬镀锌钢板。该项目由购物中心统一完成。

（2）预留设备基础：在屋面对应的排油烟管井和补风井的出口处预留二级净化及排油烟风机的条形基础，供租户安装设备用。

（3）预留电缆导管：从租户内至屋顶预留 2 根 DN50 的镀锌线管，以便日后租户安装设备时敷设线缆使用。

（4）租户负责油烟净化设备：独立餐饮商铺设两级油烟净化设备，均由租户自行安装完成，租户所选用的油烟净化装置的净化去除效率和油烟允许排放浓度应满足国家饮食业油烟排放标准。

小型餐饮的排油烟系统设计

（1）大厦提供排油烟和补风管道、屋面设备：考虑到小型租户的投资问题，对于一些集中设置的小型快餐、小吃店、自营美食阁、咖啡吧等业态，大厦应提供共用排油烟管道、补风管道和屋面排油烟设备。屋面应选用变频的排油烟设备，以适应商业厨房的多变性，运营中按店铺数量和风量选择合适的频率，投用时按固定频率运行。

（2）租户自行安装租户内的自用设备和管道：大厦提供排油烟管道、补风管道至租户范围内，并在租户内设置 150℃和 70℃防火阀，租户根据需求自行安装自用设备和管道。

6.2.4 空调水系统设计

（1）空调冷冻水管、冷凝水管保温材料采用橡塑闭孔发泡材料，保温材料的厚度参照国标，并根据相关要求涂刷色环漆和文字标识及箭头指示。

（2）空调冷凝水泄水支管沿水流方向应有不小于 1/100 的坡度，冷凝水水平干管不应过长，其坡度不应小于 3/1000，且不允许有积水的部位。冷凝水管需在高位考虑通气。

（3）空调供回水管：水系统竖向为异程式，风盘的空调水管水平为自然同程式；空调冷冻水、热水系统竖向根据项目的实际情况确定是否分区。为便于检修，应在每层立管的三通处设置阀门，以便对水平管道进行控制。

6.2.5 空调系统设计

商场区域的空调形式

（1）商业大堂、中庭等宜采用全空气定风量系统，夏季供冷风，冬季送热风。

（2）考虑到后期招商及运营，商业项目店铺区域宜采用新风加风盘的系统形式。制冷和采暖季根据负荷变化调节水阀以适应负荷的变化，过渡季新风机组直流通风运行。

（3）餐饮租户必须采用吊装式空调机组或风机盘管加新风系统，为避免餐饮串味，服务于本餐饮区域的空调设备不得与其他区域共用。

（4）楼梯间、后场通道、卫生间宜采用风机盘管系统。

（5）北方地区，地下车库不设置市政采暖系统，但喷淋须设置为预作用系统，靠近出入口位置且冬季充水的管道应有防冻措施，建议设置管道电伴热。

（6）商业厨房通风送风做热预处理，送风温度保证在 10℃。

其他区域空调

（1）商场管理办公室的电脑机房设机械排风系统加独立式单冷分体空调；当正常供电恢复工作后，独立空调机须能自动启动并正常工作。

（2）消防控制室、地库垃圾分拣间、弱电机房、地下车库的收费亭、警卫室等各值班室、部分机电用房（变配电室等）、IT 主机房、中控室、电信机房、垃圾房、冷荤间、有线机房（如有）需要独立设置冷暖分体空调采暖。

（3）电梯机房、变配电室、发电机房等发热较高或设有值班人员的设备用房，除需设置通风系统外，还需增加独立的单冷分体空调，以确保夏季运行工况下设备能够正常使用及满足人员的舒适性要求；在严寒及寒冷地区，如机械通风能够满足机房内设备的要求，可不设空调。

（4）发热量大的电气用房、电气管井设置通风散热条件或单冷分体空调。

（5）所有楼梯间不采暖（因楼梯间不设置喷淋，若有必须穿越楼梯间的水管，在寒冷地区要求设置电伴热）。

（6）商场管理办公室及物业管理办公室根据所在位置考虑设置独立分体机 VRV 或 FCU+ 新风系统。所有电梯机房设单冷分体空调。

（7）设置独立空调的房间需要预留冷凝水排水管道或地漏。

（8）寒冷及严寒地区屋面消防水箱间、太阳能水箱间、膨胀水箱间均需设置采暖。

6.2.6 防排烟系统设计

商业区域防排烟系统

（1）加压送风系统：对需要设加压送风的所有疏散楼梯间、消防电梯前室、合用前室分别设置各自独立的机械加压送风系统。当有火灾发生时，向上述区域加压送风。

（2）楼梯合用前室加压送风系统：楼梯合用前室及楼梯间的加压送风系统设置余压阀作为防止超压的措施，余压阀均自带 70℃防火阀。

（3）购物中心防烟分区设置：商场的防烟分区应结合商场的业态合理布局，租户和公共区域的防烟分区需分开设置。

（4）租户内排烟口设置：考虑到购物中心业态布局的多变性，商场进行业态调整或租户装修时，可能会涉及防烟分区的改动，导致需要增加排烟口，甚至需要对防排烟系统进行调整，为了对这种改造和调整做好预控，建议解决方案应按每 250~300m^2 设置 1 个排烟防火阀，并在末端按照每 80~120m^2 设置 1 个排烟风口。

（5）商业区域排烟量和排烟风机风量计算。

a. 排烟系统的设计风量不应小于该系统计算风量的 1.2 倍。

b. 除中庭外，下列场所一个防烟分区的排烟量计算应符合下列规定。

（a）建筑空间净高不大于 6m 的场所，其排烟量应按不小于 $60m^3/$ $(h\cdot m^2)$ 计算，且取值不小于 15 000 m^3/h 或设置有效面积不小于该房间建筑面积 2% 的自然排烟窗（口）。

（b）公共建筑、工业建筑中空间净高大于 6m 的场所，其每个防烟分区排烟量应根据场所内的热释放速率以及《建筑防烟排烟系统技术标准》（GB51251—2017）第 4.6.6 条 ~ 第 4.6.13 条的规定计算确定，且不应小于表 6-3 中的数值，或设置自然排烟窗（口），其所需有效排烟面积应根据表 6-3 及自然排烟窗（口）处风速计算。

表 6-3 公共建筑、工业建筑中空间净高大于 6m 场所的排烟量及自然排烟侧窗（口）部风速

空间净高（m）	办公室、学校 $(\times 10^4 m^3/h)$		商店、展览厅 $(\times 10^4 m^3/h)$		厂房、其他公共建筑 $(\times 10^4 m^3/h)$		仓库 $(\times 10^4 m^3/h)$	
	无喷淋	有喷淋	无喷淋	有喷淋	无喷淋	有喷淋	无喷淋	有喷淋
6.0	12.2	5.2	17.6	7.8	15.0	7.0	30.1	9.3
7.0	13.9	6.3	19.6	9.1	16.8	8.2	32.8	10.8
8.0	15.8	7.4	21.8	10.6	18.9	9.6	35.4	12.4
9.0	17.8	8.7	24.2	12.2	21.1	11.1	38.5	14.2
自然排烟侧窗（口）部风速（m/s）	0.94	0.64	1.06	0.78	1.01	0.74	1.26	0.84

c. 当公共建筑仅需在走道或回廊设置排烟时，其机械排烟量不应小于 13 000m^3/h，或在走道两端均设置面积不小于 $2m^2$ 的自然排烟窗（口），且两侧的自然排烟窗（口）的距离不小于走道长度的 2/3。

d. 当公共建筑房间内与走道或回廊均需设置排烟时，其走道或回廊的机械排烟量可按 60 $m^3/$ $(h\cdot m^2)$ 计算且不小于 13 000 m^3/h，或设置有效面积不小于走道及回廊建筑面积 2% 的自然排烟窗（口）。

e. 当一个排烟系统担负多个防烟分区排烟时，其系统排烟量的计算应符合下列规定。

（a）当系统负担具有相同净高场所时，对于建筑空间净高大于 6m 的场所，应按排烟量最大的一个防烟分区的排烟量计算；对于建筑空间净高为 6m 及以下的场所，应按同一防火分区中任意两个相邻防烟分区的排烟量之和的最大值计算。

（b）当系统负担具有不同净高场所时，应采用上述方法对系统中每个场所所需的排烟量进行计算，并取其中的最大值作为系统排烟量。

f. 中庭排烟量的设计计算应符合下列规定。

（a）中庭周围场所设有排烟系统时，中庭采用机械排烟系统的话，中庭排烟量应按周围场所防烟分区中最大排烟量的 2 倍计算，且不应小于 10 7000 m^3/h；中庭采用自然排烟系统时，应按上述排烟量和自然排烟窗（口）的风速不大于 0.5m/s 计算有效开窗面积。

（b）当中庭周围场所不需设置排烟系统，仅在回廊设置排烟系统时，回廊的排烟量不应小于《建筑防烟排烟系统技术标准》（GB51251—2017）第 4.6.3 条第 3 款的规定，中庭的排烟量不应小 40 000 m^3/h；中庭采用自然排烟系统时，应按上述排烟量和自然排烟窗（口）的风速不大于 0.4m/s 计算有效开窗面积。

地下车库的排烟系统

（1）地下车库排烟系统设置：地下车库的日常排风系统可与消防排烟系统结合设置，但必须使用双速风机，风机的排风量应满足排烟量的要求，系统设置和控制也应满足防火要求。地下车库的排烟量按 6 次 / 小时，高度按车库层高计算，补风量不低于排烟量的 50%。

（2）地下车库风机设置：地下车库按每个防火分区（不大于 2000m^2）分别设置一台送（补）风机、一台排风（烟）风机。火灾时开启对应防烟分区的排烟风机、补风机。

其他区域排烟系统

（1）商业亚安全区中庭部分：其排烟建议采用可开启电动天窗自然排烟的方式。

（2）购物中心主要中庭：应设置机械排风系统，中庭的机械排风系统可与消防排烟系统结合设置，但必须使用双速风机，风机的排风量应满足排烟量的要求，系统设置和控制也应满足防火要求。

（3）靠外墙通道的排烟方式：商业区域靠外墙的送货通道采用可开启外窗自然排烟，开窗必须在储烟仓内，可开启的外窗面积不小于通道面积的 2%。

（4）影厅排烟系统：商业区的电影院观众厅设置机械排烟系统，排烟量按 90m^3/（h·m^2）和 120 次 / 小时比较后取两者最大值。电影院观众厅的排烟风机按每个厅独立设置。

防排烟系统的控制系统

防排烟系统由自动报警系统联动控制，应满足下列要求。

（1）各防烟分区的排烟风阀将根据火灾报警信号自动联锁开启，而排烟风机随之自动启动；排烟口设有手动开启和复位装置；消防机械补风机与排烟风机应联锁控制。

（2）防烟楼梯间、合用前室、消防电梯前室的防烟加压送风系统应统一考虑，并与室内风机防火阀联动。

（3）通风及空调系统与火灾自动报警系统联锁及自动控制电源；火灾时不做防排烟的空调通风设备的电源应被切断。

（4）所有与机房连接的送、回风管，与竖井连接的风管，穿越防火墙的风管，均装设带易熔合金元件（温度为 70℃）的防火阀；排烟风道及排烟风机入口的排烟防火阀在达到 280℃（厨房为 150℃）时自动关闭，排烟风机入口的防火阀与排烟风机联锁。

（5）防排烟系统的控制系统除卫生间等竖向新风、排风系统的水平支管上设置的防火阀外，其余穿越防火分区、接竖井、进出空调机房等重要房间的防火阀均有电信号至消防控制室。

（6）厨房、浴室、厕所等垂直排风管道，应采取防火回流的措施，且在支管上设置防火阀。

（7）地下室机械排烟系统的排烟口与排风口应能联动切换。

（8）排烟防火阀应有手动开启装置（钢绳拉索控制型），安装在天棚内的排烟阀，应将手动开启装置安装在就近的柱面或墙面，距离地面 0.8~1.5m 处，其控制拉索应穿 DN20 金属导管，且应保证拉启灵活（减少和控制导管的弯头数量和弧度）；排烟阀从天棚下垂时，应安装固定导管（导管口应与天棚平齐），钢索从总导管中穿出，且应保证不破坏吊顶效果。

6.2.7 风幕的设置

（1）安装有门斗的区域均需要考虑安装风幕，并且门斗的第一和第二道门不能同时打开，开启位置应错开，避免风直接进入，以达到节能防寒的效果。

（2）在寒冷及严寒地区，门斗室直通室外的玻璃门内侧的上方需要安装电热风幕机，其他区域可以仅在第二道门的外侧安装风幕。寒冷及严寒地区禁止使用热水源的热风幕，门斗内应设置空调风口并保持正压。

（3）热风幕须能覆盖门的宽度，热风幕的出风口高度应在 2.5~3m。

6.2.8 商业、地库空调系统自控

（1）空调、通风系统等采用直接数字控制（DDC）系统进行自控。

（2）制冷机房设置机房群控系统，并提供通信接口，对冷水机组、冷冻水泵、冷却水泵、冷却塔等设备进行控制，使设备始终以最佳工况运行，节省运行费用。机房群控系统向楼宇控制系统开放接口。

（3）对空调末端系统进行控制，主要包括以下几个方面。

◆ 空气处理机组：新风阀与风机联锁开闭，当风机停止后，新风阀及水路电动阀门等也全部关闭（其中在冬季热水阀先于风机和风阀开启，后于风机和风阀关闭）；根据回风状态，控制空调水路上电动调节阀的开度；在冬季时，供热回水电动阀须保持最小 10% 的开度以防冻。

◆ 新风处理机组：新风阀与风机联锁开闭，当风机停止后，新风阀及水路电动阀门等也全部关闭（其中在冬季热水阀先于风机和风阀开启，后于风机和风阀关闭）；根据送风状态，控制空调水路上电动调节阀的开度；在冬季时，供热回水电动阀需保持最小 10% 的开度以防冻。

◆ 冬季空调 / 新风机组的防冻控制：当加热盘管出口处气温低于 5℃时风机停止运行，新风阀关闭，采暖水路调节阀全部打开；加热盘管出口处空气温度回升后，机组恢复正常工作。

◆ 风机盘管：由三速（风机）开关和室温控制器，根据室内温度的要求控制及调节空调水路上的电动二通阀的启闭，以适应空调负荷的变化；当风机盘管停机后，电动二通阀处于关闭位置；安装在走廊、电梯厅等部位的风机盘管不设速度控制，根据回风温度控制及调节空调水路上的电动二通阀的启闭，以维持室内温度。

风机盘管回水管安装双位控制的电动二通调节阀，空调 / 新风机组回水管安装等百分比特性的动态压差平衡型电动调节阀（即一体阀）。

商业全空气空调系统均采用双风机系统，可调新风比，排风系统随新风量的变化来控制启停。

（4）对水系统的调节可分为以下几个方面。

风机盘管水系统与空调机组水系统共用立管。

每一主干管及主分支管回水管处设置静态平衡阀，用以初步调节水系统平

衡。空调机组、新风机组设置动态平衡电动两通调节阀，风机盘管系统每层横支管设置动态压差平衡阀，风盘设置电动两通双位阀。

冷水机组出水管设置低阻动态流量平衡阀，以使流通水量保持恒定。

（5）对通风系统的控制主要包括以下三个方面。

各对应的送风机和排风机应联锁启停。

燃气表房等区域的事故排风装置与可燃气体等事故探测器联锁开启。

控制车库内的 CO 浓度。

6.3 消防系统设计

6.3.1 消防系统概述

消防系统工程设计及安装应遵守国家规范及现行的有关规定，商业项目消防系统应涉及表 6-4 所列子系统。

表 6-4 商业项目消防系统的构成

序号	项目	需求状态	功能说明
1	消防水泵房	按照消防规范设置	直接参与灭火的功能系统排烟和烟雾隔离、火灾隔离，不能直接参与灭火
2	喷淋系统	按照消防规范设置	
3	消火栓系统	按照消防规范设置	
4	大流量喷射快速灭火系统（水炮）	—	
5	气体灭火系统	按照消防规范设置	
6	防排烟系统	按照消防规范设置	
7	防火间隔之挡烟垂壁、防火卷帘	按照消防规范设置	
8	火灾自动报警系统	按照消防规范设置	火灾检测和报警
9	消防联动系统	按照消防规范设置	消防联动的控制中心
10	电气火灾漏电报警系统	按照消防规范设置	设备检测和报警
11	消防电源状态检测系统	根据项目需要设置	
12	消防水泵智能巡检系统	根据项目需要设置	

序号	项目	需求状态	功能说明
13	疏散指示和应急照明（工作面应划归给强电专业）	按照消防规范设置	疏散逃生
14	消防广播	按照消防规范设置	
15	推杆锁	根据管理需要设置	

6.3.2 喷淋系统设计

（1）商业项目的租户范围内除按照消防规范设置喷淋头外，在竣工验收前，商铺内均按假设没有吊顶考虑设置上喷喷头，所有喷头处必须为四通（或三通）连接，为租户二次装修时增加下喷喷头预留接口条件。当计算租户与公共区域交界处喷淋末端的保护半径时，应全部按租户门脸封闭且到顶进行设计。

（2）末端泄水：系统的末端泄水按照就近原则，集中引至有排水条件的房间，如空调机房或卫生间、清洁间等。承接喷淋排水的地漏或排水管规格不小于DN75。

（3）设置电伴热的区域：

温度高于4℃低于70℃的情况下设置湿式系统，低于4℃的情况下设置干式系统或预作用系统。

对冬季温差变化比较敏感的部位（如地下停车场入口30m内、与室外连接的卸货区、大门及入口附近等区域）的消防管道应考虑电伴热，防止冬季充水管道冻裂。

商场卸货区同样需要设置喷淋系统。

（4）需设置快速响应喷头的区域：影厅、地下室商业、仓库。

（5）超市区域设计要求：超市区域的货物堆放区按危险二级设计。

（6）需增加下喷的特殊区域和部位：扶梯、步道梯、飞梯下方应设置喷淋。宽度超过1200mm的通风管道下方应按规范设置喷头及挡水板。吊顶夹层高度超过800mm，其夹层内应设置上喷头。

（7）公共走道喷淋设计要求：所有公共走道按照有吊顶设置喷淋系统，并考虑精装修设计后末端喷淋头调整对喷淋系统的影响。

（8）增设阀门，为运营预留条件：水平喷淋管道应按区域设置阀门，采用信号阀，以使后期运营期间管道满水后，租户装修和改造泄水和打压时，不至于造成大面积的泄水和停水，保证大厦安全。增设的阀门应该在消防验收后或获得主管部门同意的前提下进行，且该阀门应该有防止被闲杂人员随意开启的防护措施，避免引起消防系统的误动作。

（9）个别区域需根据功能性、安全性、使用性考虑其他灭火系统。

6.3.3 室内消火栓系统设计

（1）消火栓的布置：尽量将消火栓布置在公共区域，租户商铺内应避免安装消火栓和灭火器，当商铺内存在公共区域消火栓无法保护的区域时，应在商铺内增设消火栓。

（2）消火栓环网：消火栓水系统建议采用每层环网的形式，以便在后期运营和改造中能够方便增加和改动消火栓，而无须对系统进行调整。

（3）消火栓的安装形式：非混凝土结构部位的安装形式为暗装，混凝土结构部位的安装形式为明装，且须满足精装修要求。如设置暗装消火栓，应保证开启度达到120°。

（4）消火栓箱体要求：商业项目公共区域的消火栓必须采用与灭火器合用的连体箱体，消火栓箱体及消火栓门扇应按不同区域在选型上有所区别。商场内消火栓禁止使用玻璃门。其他区域可以采用普通形式的消火栓。

（5）租户预留：大租户内应有消火栓的水平管道经过，以便后期租户进行平面布置需要增加消火栓时，能够就近接入消防管道。

（6）租户区域保护半径考虑：在考虑公共区域消火栓的保护半径时，所有独立租户租赁线上应全部按照装修时设置到顶隔断门脸考虑。

（7）公共区域的消火栓覆盖范围：为避免租户内设置消火栓，公共区域消火栓的保护半径应尽量能够覆盖租户（大租户除外），且对保护半径应预留一定的冗余量，尽量满足租户装修增加门头后（导致半径距离增加）消火栓保护半径的距离要求。

6.3.4 火灾自动报警系统设计

（1）火灾自动报警主机

火灾报警主机须预留20%以上的点数冗余量，为后期运营中点位增加和调整预留条件。

无论国产还是进口主机，单台设备所带探头、按钮、模块加上冗余量的总数不能超过 3200 点，超过此数应增加主机。

主板需要按照防火分区配置，且每一回路有不少于 20% 的冗余量。

（2）回路设计

火灾自动报警的回路应严格按照防火分区设置，同一防火分区内可以设置 1 个以上的回路。

在设置回路时，应充分考虑到将来租户装修的需要，每一回路只设计 150~180 点（每一回路最大可设计 200 点），保证业主在将来的经营活动中，不会因回路点数不够而增加系统设备和管线。

回路编号的最大号码不允许超过 200，超过此数，另加回路。

为保证回路线路的安全，在项目成本控制较宽松或项目要求较高的情况下，可以设计成环形回路。

（3）区域报警显示器

除正常按照消防规范设置区域报警显示器以外，独立大型租户（如超市、影院、家电专卖等）须在租赁区域内或租户值班机房内设置消防报警区域显示器。

（4）租户烟感探头计算

计算租户与公共区域交界处烟感探头保护半径时，应全部按租户门脸封闭且到顶进行设计。

（5）模块安装要求

模块不允许安装在强电配电柜（箱）内，应安装在专用模块箱（盒）里。

（6）火灾探测器

选型应与所处场所相符，探测器的确认灯应朝向便于人员观察的主要入口方向，探测器编码应与竣工图标识、控制器显示相对应，且能反映探测器的实际位置。要确保探测器的报警功能正常。

（7）增设烟感（温感）探测器

当梁高超过 600mm 时，一次消防验收（毛坯验收）时，每个梁窝内均需要增设烟感（温感）探测器。

（8）手动火灾报警按钮

确保其报警功能正常；报警按钮编码应与竣工图标识、控制器显示相对应，且能反映报警按钮的实际位置。

6.3.5 消防联动控制系统设计

（1）消防联动控制设备

应选用国家质量认证的产品，14 种基本控制功能（为其相连的设备或部件供电、接收并发出火灾报警信号、发出联动控制信号、输出和显示相应控制信号、完成相关功能、进行手动或自动操作、单路受控设备的手动控制、故障报警、本机自检及面板检查、总线隔离器设置、进行不应改变原状态信息的手动复位、电源转换、显示和记录、不应引起程序意外执行的编程）应完全符合要求。

（2）火灾报警控制器

应选用国家质量认证的产品，控制器 13 种基本功能（供电、火灾报警、二次报警、故障报警、消音复位、火灾优先、自检、显示与记录、面板检查、报警延时时间、电源自动切换、备用电源充电、保证电源电压稳定度和负载稳定度功能）应能全部实现。

（3）联动和控制

控制室能显示通风和空气调节系统防火阀的工作状态，且能关闭联动的防火阀。

防火卷帘动作后的反馈信号在消防控制室内应能显示；应能在控制室内手动或自动控制防火卷帘。

当联动控制防火门时，防火门应自动关闭且应能向消防联动控制装置反馈动作信号。

消防水泵、消防风机应能通过联动关系进行手动或自动控制，并能够显示工作状态。

根据消防要求由消防员现场启动消防电梯。

声光报警器和消防广播在火灾时都应全部启动。

火灾时，普通动力电、自动扶梯、排污泵、康乐设施、厨房等的用电应立即切断；而另外的正常照明、生活水泵、安防系统、客梯等的用电，应延迟切断或者可以选择手动切断，以便于人员疏散。

（4）消防联动电源

消防联动电源应为 24V，无论距离有多远，电压不能低于 22.8V，如低于此数，应在现场另加 24V 电源。

（5）水泵风机要求

消防水泵、风机都不允许采用变频方式启动，必须是一步直接启动（功率大于 15kW 的水泵应采取降压或星三角启动），其控制柜里不允许加装变频器。

6.3.6 消防广播系统设计

消防广播系统与背景音乐系统合并，由消防专业按照防火分区提供对应回路的消防信号给背景音乐系统，并满足背景音乐系统的接驳要求。

6.3.7 消防水炮系统设计

（1）室内消防水炮的布置数量在每个高大中空处不应少于两门，其布置高度应保证消防水炮的射流不受上部建筑结构件的影响，并应能使两门水炮的水射流同时达到被保护区的任一部位。

（2）室内系统应采用湿式给水系统，消防水炮炮位处应设置消防水泵启动按钮。

（3）扫描枪头必须带有视频摄像头，并有自动追踪功能。

（4）消防水炮的现场控制盘应安装在便于操作的位置，且与装饰效果协调。

6.3.8 漏电报警系统设计

（1）需要按照规范要求设置漏电报警系统。

（2）在消防用电设备、楼层照明、动力总配电箱近开关处或低压开关的出线侧（优选采用低压开关侧设置）设置漏电火灾自动报警监测器，漏电信号与火灾自动报警系统在消防控制室内联结，以实现对漏电电流的探测、监视、报警。

（3）漏电火灾报警系统应具有下列功能。

探测进线电缆温度、箱体温度、漏电电流、过电流等信号，发出声光信号报警，准确报出故障线路地址（或回路），监视故障点的变化。

储存各种故障和操作实验信号，信号储存时间不应少于 12 个月。

对于漏电回路只显示其状态和报警，不得自动切断漏电回路。

显示系统电源状态 BMS 的检测功能。

（4）当项目设置智能电量监测系统时，为控制低压柜内的空间和系统整合，漏电火灾报警系统应可以与电能计量系统合并，监测各回路的电能情况，并能分项查询和生成报表，系统可以与 BMS 接驳。

（5）操作主机应设置在消控中心或电气值班室。

6.4 给排水系统设计

6.4.1 给水系统

（1）给水系统设计的一般性规定

给水系统采用下行上给支状供水方式，系统应进行分区，最不利点供水压力控制在 0.2MPa，最大压力控制在 0.35MPa 以内。

给水管道应在地上每层布置一根规格不小于 DN50 的环管，且应分层设置总阀门，在租赁线 1500mm 以内，非餐饮店铺区域内按照每 500m² 租赁面积在环管上设置 DN32 给水接口。

给水系统应考虑后期项目运行和管理需要，进行功能和竖向分区，在每层（或区域）设置总阀门，以便在检修或发生故障时能够分区域或分楼层关闭水源，而不影响其他区域或租户。

不得在干管上直接开口引出用水点。

给水管道不应穿过的区域有配电室、电器机房、消控室、中控室、弱电机房、IT 机房等地方。

除埋墙的给水管道外，其他给水管道均采用防结露保温。保温材料采用 10mm 的难燃 B1 级闭孔发泡橡塑。

租户给水点设置：给水接口的设置位置应结合业态布局考虑，尽量设置于店铺后区，并在吊顶内安装远程水表，给水点和排水点应在一个区域。

（2）卫生间管道敷设及洁具要求

卫生间洁具和水龙头应采用节能型（如每个冲水期的用水量，坐便器不大于 6L，蹲便器不大于 8L，小便器不大于 3L）。

考虑到后期方便维修，建议卫生间的水平管道尽量敷设在天棚内，各用水点从天棚内垂直引下，并且控制每根埋设于墙内垂直管道的接头数不大于 2 个，同时管径不大于 25mm。

（3）给水系统点位设置和计量要求，见表6-5。

表6-5　商业项目给水点预留方式

位置	水表规格	预留管径	设置要求
美食广场	DN80	DN100	租赁范围内，预留给水点（阀门和水表）
独立餐饮、西餐（1000m² 以下）	DN40	DN50	租赁范围内，预留给水点（阀门和水表）
独立餐饮、西餐（1000m² 以上）	DN65	DN80	租赁范围内，预留给水点（阀门和水表）
快餐、咖啡厅	DN25	DN32	租赁范围内，预留给水点（阀门和水表）
超市	DN80	DN100	租赁范围内，预留给水点（阀门和水表）
影院	按需求提供		租赁范围内，预留给水点（阀门和水表）
KTV（或根据提资）	DN40	DN50	租赁范围内，预留给水点（阀门和水表）
美发、美容、SPA	DN40	DN50	
健身房	DN40	DN50	租赁范围内，预留给水点（阀门和水表），需要两路进水，或设置水箱
其他商店	DN20	DN25	租赁范围内，预留给水点（阀门和水表）
湿垃圾房	DN25	DN32	
停车库洗车区	DN20	DN25	租赁范围内，预留给水点（阀门和水表）
停车场地面清洗水源		DN15	需每层设置1~2处（或间距100m设置1个），距成活地面标高1000mm，并且采用钥匙开启的水龙头
屋面	DN15	DN20	安装水龙头，并有防冻措施
商场管理办公室茶水间	DN15	DN20	
物业办公	DN15	DN20	
卫生间		根据卫生间面积或用水量设置	如有条件应提供中水、热水系统，一次设计时将水源预留至卫生间区域，待卫生间精装修设计时进行二次管道设计
室外绿化		DN20	安装绿化专用水龙头，管道有防冻措施。如有条件应提供中水

位置	水表规格	预留管径	设置要求
室外促销和售卖亭		DN25	建议安装在不影响室外景观效果的地方
空调机房		DN20	安装水龙头
无水源租户装修公共取水点		DN20	后场区靠近地漏处预留，距成活地面标高 1000mm，并且采用钥匙开启的水龙头

注：1. 除干管外，对特殊功能区域及独立经营区建议设置计量水表，如厨房、机房等。水表形式暂按普通机械水表设置。
2. 上述给水点应设在不影响其他专业及维修、使用的位置（如不阻碍停车、设备安装和检修、垃圾清运等的区域），宜靠近排水地漏处。

6.4.2 室内排水系统

（1）排水系统设计的一般性要求

污 / 废水管不应穿越或敷设在给水泵房、配电室、电器机房、IT 机房等房间的直接上层。

应为排水管道设置通气管，且必须要求设置伸顶通气，卫生间器具设置环形通气。

商场餐饮类排水管道有结露可能，应做不小于 10mm 厚难燃 B1 级闭孔发泡橡塑防结露保温。

排水系统原则上应采用重力排水；地下室集水池采用压力排水装置；每个集水池的提升泵均为自耦、带切削功能，应一用一备，并安装通风换气系统。

（2）餐饮业态排水

详见表 6-6。

表 6-6 餐饮业态排水点的预留方式

业态和项目	厨房地漏接驳点（DN100）	厨房油污废水接驳点（DN100）	卫生间污水接驳点（DN100）
中岛餐饮	1 个（如条件限制可以不设）	1 个（靠柱子或者隔墙角落）	
餐饮 $S <$ 200m^2	1 个	1 个	1 个

续表

业态和项目	厨房地漏接驳点（DN100）	厨房油污废水接驳点（DN100）	卫生间污水接驳点（DN100）
餐饮 200m² ≤ S < 500m²	2 个，间距 8~10m 以上	2 个，间距 8~10m 以上	
餐饮 S ≥ 500m²	3 个，间距 8~10m 以上	3 个，间距 8~10m 以上	2 个，间距 8~10m 以上
首层一跃二的餐饮店	按面积预留在 1 层、2 层，各设 1 个	按面积预留在 1 层、2 层，各设 1 个	1 个
位置要求	应设在商铺后区，不应靠近走廊通道	应设置在与厨房排油烟管井处附近，并与排污地漏距离至少 8~10m 以上	设在商铺后区
总管要求	排水总管不小 DN150	排水总管不小于 DN150	卫生间排污管道总管不小于 DN150，且不得与餐饮业态的任何排水管道连通
接入位置	接入排污系统	接入隔油池	接入排污系统

注：1.餐饮店铺，必须预留排油接驳点，租户必须设置隔油排水设施。
　2.租户应在厨房内设置小型隔油器做初次隔油（二装团队或商场运营部门控制），处理后再经设在室外的隔油池（有效容积不小于 4m³）二次处理后排入污水管网，独立运营的大餐饮租户的独立隔油池有效容积不小于 2.44m³。
　3.对于自行设置内部卫生间的租户，其卫生间排污管道严禁接驳在与餐饮连接的排污和废水管道上。

（3）非餐饮店铺排水

下述部位的所有店铺，均要预留排水设施（地漏），预留方式见表 6-7。

表 6-7 非餐饮业态排水点的预留方式

位置说明	面积	预留排水接驳点	备注
B1 层为人防时，相关区域的一层店铺（即人防上方的普通店铺）应按面积档次及人防要求预留排水点位	$S < 50\text{m}^2$	1 个（DN100）地漏	对于暂时不用地漏的店铺，应在地漏上方设铁板封闭且应做上相应的标记，并在竣工图纸上详细标注
	$50\text{m}^2 \leqslant S < 200\text{m}^2$	2 个（DN100）地漏	
	$200\text{m}^2 \leqslant S < 300\text{m}^2$	3 个（DN100）地漏	
	$S > 300\ \text{m}^2$	每 100m^2 加 1 个（DN100）地漏	
普通店铺（非餐饮）$S \geqslant 500\text{m}^2$（所有楼层）	靠近店铺的后场区域	1 个（DN100）地漏	
KTV		4 处 DN150，或根据提资	
影院	卫生间	DN150，数量和位置由影院提资	
	售卖区	DN100，位置由影院提资	
超市	生鲜区	DN200 两处，位置由超市确定	
	食堂	需要厨房排油污和厨房废水，需根据超市提资	
超市	办公区卫生间	DN150，需根据超市提资	对于暂时不用地漏的店铺，应在地漏上方设铁板封闭且应做上相应的标记，并在竣工图纸上详细标注
除餐饮以外所有设置给水点的租户（如美发、美容、SPA、健身等）	1 个 DN100，或根据租户提资要求设置		

注：1. 上述区域以外其他楼层的非餐饮店铺同样需要预留污水接驳点，为便于控制成本和施工，解决方案为：

（1）在店铺的后场区内安装污排水水平干管，材质为 U-PVC 加保温，作为后期业态调整时接驳用，需考虑后期接驳时的施工空间；

（2）水平管道不可以敷设过高，避免接驳时因租户内天棚下方空间受限，导致无法接驳。

2. 上述管道及地漏还需满足规范要求。

（4）其他区域排水或地漏预留方式见表6-8。

表6-8 商业项目其他区域地漏或排水点的预留方式

位置	地漏	接驳点	备注
停车库洗车区	DN100	—	位置靠近给水点
地下停车库	DN100（数量根据现场情况设置）	—	根据项目实际情况设置，可以排入最下层的积水坑内（最下层设有排水沟）
地下停车场坡道拦水水沟		至少两个 DN150	在坡道的上下位置各设置一个，以接驳拦水沟排水，并应有沉砂池
卸货区	DN150	DN150	卸货区入口处排水沟，并应有沉砂池
茶水间/物业办公室茶水区	DN50	DN50	位置在给水点下方
垃圾房	DN100	—	位置靠近给水点
机房	DN100	—	除电气设备机房、电梯机房及独立的送排风机房以外的所有设备机房内，机房排水立管规格不小于 DN100
主、次入口门斗	DN100	—	第一道、第二道防尘垫处下方基坑内
电梯基坑	DN100	—	
扶梯、坡道基坑	DN100	—	混凝土结构的基坑内设置
降板区域	不小于 DN50	—	降板区域的回填层下的最低点设置地漏，且有防堵塞措施
安装多联机或分体空调的房间	不小于 DN100	—	或有与排水管网连接的排水沟

6.5 天然气系统设计

6.5.1 燃气系统设计要求

（1）城市燃气工程设计及安装应遵守国家规范及地方的有关标准规定。

（2）燃气的户外主控制箱、调压箱（站）必须隐蔽包装，但须得到燃气公司认可。

（3）对于餐饮店铺等有燃气需求的商铺，为每个店铺提供 1 个燃气点位至表前阀，位置在排油烟管道及排水接驳点附近（应位于店铺后侧的两个角落位置），宜沿墙或沿柱子设置，表前阀安装高度为 2.2~3.5m。

（4）公共区域内的燃气管道的管底标高为公共区天花板吊顶标高上返 300mm，以预留轻钢龙骨、灯具等的安装高度。

（5）室内燃气管道不应跨越防火分区，也不能够穿越电梯前室、空调机房等。

6.5.2 天然气用量预留

独立餐饮、小吃店、餐厅、快餐、美食阁等餐饮业态，按商铺租赁面积确定其天然气用量，见表 6-9。

表 6-9 商业项目燃气用量预留及计算规则

租赁面积	用气量	说明
$S < 40m^2$	$5m^3/h$	整个项目燃气用量可以按左侧标准计算总用量的 70% 报装。当项目所在地为煤气时，应按低热值进行换算
$40m^2 \leqslant S < 160m^2$	$10m^3/h$	
$160m^2 \leqslant S < 240m^2$	$15m^3/h$	

租赁面积	用气量	说明
$240m^2 \leqslant S < 320m^2$	$20m^3/h$	整个项目燃气用量可以按左侧标准计算总用量的70%报装。当项目所在地为煤气时，应按低热值进行换算
$320m^2 \leqslant S < 400m^2$	$25m^3/h$	
$400m^2 \leqslant S < 1000m^2$	$0.06m^3/（h·m^2）$	
$S \geqslant 1000m^2$	$80m^3/h$	

每个餐饮租户内须提供燃气探头，在厨房内安装报警装置，实现报警及联动功能

燃气报警主机安装在消控中心内

需按照用气量标准提供燃气点到餐饮店铺的厨房区域，并安装表前阀门和预留接口，租户根据自身燃气实际用量和实际情况，自行办理挂表事宜

6.6　强电系统设计

6.6.1 强电系统的内容

商业项目强电专业的系统建议按表 6-10 所列方式进行划分。

表 6-10 商业项目强电子系统划分

系统	内容
变配电系统	市政供电至低压柜之间的所有工作，包括高压柜、变压器、低压柜及相关内容等
动力配电系统	给水设备、空调设备、非消防电梯、LED 屏、其他动力设备等
消防动力电源系统	包括排烟系统设备、消防水泵、防火卷帘电源、消防电梯等与消防有关的设备及用电
商业租户配电系统	租户用电、为后期运营所预留的电源
消防照明电源系统	疏散指示、应急照明
照明系统	项目室内外所有照明、立面泛光照明、广告用电、标识导视等用电
不间断电源系统	项目重要数据设备用电
防雷与接地系统	

6.6.2 商业租户配电系统

(1) 供电方式说明

商业租户供电建议采用"水平敷设电缆+垂直敷设母线"的方式进行供电，即从低压配电柜引出电缆，沿水平路由敷设至强电竖井，在水平与垂直交会处设置母线转接箱，垂直部分敷设密闭母线，每层设置母线插接箱。母线应在每层预留插接箱插接孔（无论当时该楼层是否需要插接箱），不用时用盖板封闭。

每层的强电井内设租户总配电箱，从母线插接箱敷设电缆至租户总配电箱，再从租户总配电箱敷设电缆至租户范围内的租户配电箱。

对于计算用电量超过250A的租户，需要从低压柜敷设电缆至租户内，为后期运营调整考虑，建议该电缆在强电井内设置T接箱中转一次，以便可以灵活应对租户业态变动对电缆造成的调整，减少电能的浪费。

(2) 一般租户用电需求参考表6-11。

(3) 特殊租户用电需求参考表6-12。

表6-11 商业项目租户用电量计算指标

餐厅、快餐、西餐（按商铺租赁面积 S，350W/m²）		百货、零售、眼镜店、书店、照相馆（按商铺租赁面积 S，55W/m²）	
租户面积	租户内隔离开关	租户面积	租户内隔离开关
$S < 25\text{m}^2$	16A/3P		
$25\text{m}^2 \leqslant S < 40\text{m}^2$	20A/3P		
$40\text{m}^2 \leqslant S < 60\text{m}^2$	32A/3P		
$60\text{m}^2 \leqslant S < 100\text{m}^2$	63A/3P	$S < 150\text{m}^2$	16A/3P
$100\text{m}^2 \leqslant S < 160\text{m}^2$	100A/3P	$150\text{m}^2 \leqslant S < 200\text{m}^2$	20A/3P
$160\text{m}^2 \leqslant S < 240\text{m}^2$	160A/3P	$200 \leqslant S < 250\text{m}^2$	25A/3P
$240\text{m}^2 \leqslant S < 320\text{m}^2$	200A/3P	$250 \leqslant S < 320\text{m}^2$	32A/3P
$320\text{m}^2 \leqslant S < 400\text{m}^2$	250A/3P	$320 \leqslant S < 400\text{m}^2$	40A/3P

续表

餐厅、快餐、西餐（按商铺租赁面积 S，350W/m² ）		百货、零售、眼镜店、书店、照相馆（按商铺租赁面积 S，55W/m² ）	
租户面积	租户内隔离开关	租户面积	租户内隔离开关
$400\text{m}^2 \leqslant S < 600\text{m}^2$	300A/3P	$400 \leqslant S < 600\text{m}^2$	63A/3P
$600\text{m}^2 \leqslant S < 800\text{m}^2$	400A/3P	$600 \leqslant S < 800\text{m}^2$	80A/3P
$800\text{m}^2 \leqslant S < 1000\text{m}^2$	500A/3P	$800 \leqslant S < 1000\text{m}^2$	100A/3P
$1000\text{m}^2 \leqslant S < 1500\text{m}^2$	630A/3P	$1000 \leqslant S < 1500\text{m}^2$	125A/3P
$S \geqslant 1500\text{m}^2$	800A/3P	$S \geqslant 1500\text{m}^2$	150A/3P

注：1. 当提供燃气时，上述餐饮店铺的电量均可下降一个级别。

2. 上述餐饮用电中，250A 及以上的用户，应从低压柜出线侧敷设专线电缆引至租户内，计量电表安装在低压柜侧。

3. 上述配电中 250A 及以上的租户，电缆敷设至租户内的配电间，直接接入租户配电箱柜，不另设隔离开关，但租户内安装的总隔离开关应能够对电缆进行保护（隔离开关的大小能与电缆匹配）。

4. 以上全部为三相供电，同时租户最小电缆不小于 5mm×4mm。

5. 上述内容同样适用于特殊租户。

表 6-12 商业项目特殊租户电量需求

位置区城	电量情况一	电量情况二	备注
美容院 / 健身房	250W/m²	或按租户提资	
美食广场	20kW/ 档口、洗碗间 50kW、美食街服务用房 40kW	或 350W/m²	
电玩城	商场提供空调时为 150W/m²	租户自行安装空调时为 250W/m²	
肯德基 / 麦当劳	250kW（含空调负荷）	或按租户提资	
溜冰场	600~700kW	或按租户提资	

续表

位置区域	电量情况一	电量情况二	备注
美容院 / 健身房	250W/m²	或按租户提资	
电影院	影厅数量为 7 个时，400~600kW（含空调用电）	或按照每块屏幕 75kW，另加 25kW 的应急用电	（含空调用电）需至少满足双路市政供电
超市	165W/m²（含空调用电）	或按租户提资	当超市面积大于 10 000m² 时，需设置独立的变压器及配电室，且进行高压计量
电器专卖店 / 咖啡厅 / 茶馆	100W/m²	或按租户提资	
演艺吧	200W/m²	或按租户提资	
火锅店	350~400W/m²	或按租户提资	
地下停车场洗车区	预留 35kW 电源	从就近强电间的动力配电箱或变配电室低压柜直接引入，箱内设总隔离开关 1 个，配出回路租户自理	洗车区电源配电箱，需安装计量电表

（4）商业营运动力电源预留需求见表 6-13。

表 6-13 商业项目运营用电量预留方式

位置或区域	电量预留或计算	要求	备注
室外 LED 全彩屏	按屏体面积 100W/m² 计算电量	电源由低压柜直接引入。配电箱安装在就近的强电间内，配电箱配出开关按照屏体数量配置，同时增加 1 位 16A/1P 开关。当室内有大型 LED 全彩屏时，电量标准同室外，电源引至附近电井的动力箱	室内小型显示器的电源，接至公共照明配电箱，电量已经计入公共电量内，不需要另行计算和设置

续表

位置或区域	电量预留或计算	要求	备注
屋面太阳能热水系统	电量按照 120kW 预留	电源由低压柜直接引来。配电箱安装在太阳能水箱间内，每台配电箱预留出线开关 2 个，同时增加 1 位 16A/1P 开关	当水箱容量超过 18m³ 时，则每立方米增加 7kW 的电量
地下停车场入口	每处配置 80kW 电量的配电箱	电源由低压柜直接引入，配电箱安装在就近的区域，配出开关根据项目实际情况配置	包括电热风幕、附近管道的电伴热、收费岗亭快速堆积卷帘门等用电
一层中厅柱子	每厅预留一台 45kW 电量的配电箱	从就近强电间的动力配电箱引入，配电箱安装位置需考虑商场活动展台的摆放位置，每台配电箱预留 3P 开关 2 位 +2P 漏电保护器 2 位，从开关箱的下端预留 2 根 Φ40 的线管至地面，供后期接线用	供商场活动用，配电箱不得外露（建议暗藏于柱面装饰层内）
商场公共走廊及公共区域	预留适量的 10kW 配电箱	从就近强电间的动力配电箱引入，箱内配置 3P 开关 2 位 +2P 漏电保护器 2 位	供商场维修及临时增加活动使用，配电箱安装需满足精装修效果
屋面楼体照明	预留 2~3 台 15kW 配电箱	从就近强电间的动力配电箱引入，配出开关 3P 开关 2 位 +2P 漏电保护器 2 位，箱体须预留满足后期增加开关设备及电器元件的空间	安装在屋面机房内，供大厦楼顶照明及屋面维修使用
室外促销区	提供 63A/3P 防水电源隔离开关箱	从就近强电间的动力配电箱引入，在电气间内设置漏电保护开关，平时不使用时，不得通电	在靠花池或不明显的地方
室内促销区	63A/3P 电源隔离开关箱	电源从就近强电间的动力柜引入，配出回路须满足后述要求，在促销区的中央与四个角落提供金属穿线管 40mm 沿混凝土柱体引接到距地 300mm 接线盒（管内穿铁丝），在促销区的每根柱面下部提供 1 个 10A 电源插座	一个促销区安装 1 台总开关箱，并在位于推广区域范围内中心天花板吊顶内柱体侧面安装（必须有检修口）
主大门入口	63A/3P 电源隔离开关箱	电源从就近强电间的照明柜引入，配出 3P 开关 2 位 +2P 漏电保护器 2 位	该箱可以与室外标识广告及景观照明共用一个箱体
商场办公室的 IT 机房	18kW（包括空调用电）	电源需从变配电室的低压柜直接引来	应为双电源
商场办公室	35~45kW（不包括空调负荷）	电源需从变配电室的低压柜直接引来	应为双电源

注：上述所有用电应能独立计量。

6.6.3 计量方式

（1）租户用电计费

计算电流250A以下的电表，采用预付费插卡式电表（也可采用远程抄表）。

计算电流250A以上特殊租户计量电表安装在低压柜内，不需要采用预付费插卡式电表。

（2）计算电流16~250A

用电负荷计算电流大于16A、小于250A的商铺，每间店铺的预留电源隔离开关箱安装至相应商铺的吊顶内，计量电表集中安装在各层配电小间内。

电表箱不得安装在分户隔墙上，应尽量安装在后墙或结构柱的隐蔽位置。

60A以下的三相电表，采用直通式。

60A以上的三相电表需要安装互感器和带分离脱扣的隔离开关，通过电表控制分离脱扣，以达到欠费时通过电表切断电源的目的。

（3）计算电流250~500A

用电负荷计算电流大于等于250A、小于500A的商铺，由低压配电柜直接引电源至相应商铺吊顶内的隔离开关箱，在低压配电柜上进行计量。

（4）计算电流≥500A

个别用电负荷计算电流在500A（含500A）以上的商铺，由低压配电柜直接引电源至相应商铺内租户指定位置（进线电缆留5m的余量），不预留开关箱，同时在低压配电柜上进行计量。

（5）商场用电计量

商场的所有用电需有计量电表，以便对用电量进行内部考核。

可以在低压柜侧进行计量，主机系统放在中控室，该系统可以与火灾漏电监测报警系统合并。也可以视项目具体情况，在每个动力或照明箱内安装计量电表。

6.6.4 照明系统

（1）照明设计

因商业项目的特殊性，公共区域的精装修设计会滞后于建筑设计，所以在照明设计时，应对公共区域的照明、插座、小动力设备采取预留的方案。其方式为：在建筑设计阶段，强电专业对公共区域照明的供电系统进行设计，且完成干线系统的设计，公共区域照明配电箱仅标明位置、编号及预留电量即可，内部回路不需要设计；电量预留时，按照所预留配电箱服务的公共区域面积进行计算，正常照明可以按 40~45W/m² 进行预留，该电量包括公共区域的正常照明、插座、小型广告位、标识指引、小动力设备、情景照明、花车、保洁、维修插座等用电负荷；应急照明参照上述方式，按 5~6W/m² 进行预留，应急照明电量包括应急照明灯具、疏散指示灯。

（2）照明系统相关技术参数

商业项目需要根据照度进行照明设计，各区域照度建议如表 6-14 所示。

表 6-14 商业项目各区域照度要求

部位	照度值（勒克斯）
主入口大厅	400~500
公共走廊	350~400
后场走道	150~200
楼梯间	75
地下停车场车道	75~150
地下停车场车位	75
洗手间	200~300
电梯厅	200~400
电梯轿厢	300
扶梯 / 坡梯下方	300
扶梯 / 坡梯平台	400
室外园林（路灯）	40

续表

部位	照度值（勒克斯）
室外走廊	40
广告箱（室内外）	300
储藏间	100
维修办公室	300
管理办公室	500
卸货区	300
室外雨棚下照明	至少达到300

注：上述照度值如果与规范相冲突，则应取高值；所有灯具应选用节能灯具。

（3）插座预留方式

插座建议预留方式见表6-15。

表6-15 商业项目各区域插座预留方式

部位	普通电源插座（每处）	不间断电源插座（每处）	安装要求
ATM	1个	1个	
弱电间	1个	1个	
收银台	2个	2个	安装在收银台内
总服务台	2个	2个	安装在服务台内
花车	1个		地面插座或者安装在柱子上

部位	普通电源插座（每处）	不间断电源插座（每处）	安装要求
公共区域靠中庭侧的柱子	1个		柱面面向走道侧距地300mm
客梯候梯LED屏	1个		电梯厅中间距天棚300mm处
休息区座椅附近	1个		柱上距地300mm
休息区LED屏	1个		柱子上或天棚上，根据项目实际情况
停车场柱子	每25m设1个		距地500mm
柱子或墙面广告灯箱	每柱至少1个，墙面须根据实际情况考虑		公共区域柱子上方距天棚500mm处，面向公共区域的柱面每面1个
公共区域维修插座	每25m设1个		公共区域柱子距地300mm或公共区域墙面
户外绿化带	每25m 1个防水插座		户外插座也可以安装在路灯灯杆里面，但电源回路需要与路灯分开。为防止漏电，户外插座需在电气间内设置漏电保护开关，平时不使用时不得通电

（4）插座的其他要求

在每个敞开式商铺（有地砖），提供1个40mm金属穿线管沿混凝土柱体敷设至距地300mm接线盒位置处，且不得影响装饰面层的安装和美观。从柱顶天棚内的接线盒到地面接线盒间敷设2根线管，预留后期穿线用。

卫生间需提供插座，需要插座电源的设施包括卫生间小便器感应器、小便器处预留液晶显示器、洗手盘水龙头、烘手器等。

根据规范要求，为各设备机房、电梯井道、强弱电竖井等位置提供电源插座。

地面插座应采用开启式地面插座，插座保护盖板应与地面持平，所有插座必须带有保护门。

6.6.5 应急照明和疏散指示系统

（1）应急照明系统和疏散指示系统应符合《消防应急照明和疏散指示系统技术标准》（GB51309—2018）中的规定。

　　a.消防应急照明和疏散指示系统按消防应急灯具的控制方式可分为集中控制型系统和非集中控制型系统。

　　b.系统类型的选择应根据建筑及构筑物的规模、使用性质及日常管理和维护难易程度等因素确定，并应符合下列规定：

　　设置消防控制室的场所应选择集中控制型系统；

　　设置火灾自动报警系统，但未设置消防控制室的场所宜选择集中控制型系统；

　　其他场所可选择非集中控制型系统。

　　c.系统设计应遵循系统架构简洁、控制简单的基本设计原则，包括灯具布置、系统配电、系统在非火灾状态下的控制设计、系统在火灾状态下的控制设计，集中控制型系统还应包括应急照明控制器和系统通信线路的设计。

　　d.系统设计前应根据建筑及构筑物的结构形式和使用功能，以防火分区、楼层等为基本单元确定各水平疏散区域的疏散指示方案。疏散指示方案应包括确定各区域疏散路径、指示疏散方向的消防应急标志灯具的指示方向以及指示疏散出口、安全出口消防应急标志灯具的工作状态，并应符合下列规定：

　　具有一种疏散指示方案的区域，应按照最短路径疏散的原则确定该区域的疏散指示方案；

　　具有两种及以上疏散指示方案的区域，如果是需要借用相邻防火分区疏散的防火分区，应根据火灾时相邻防火分区可借用和不可借用的两种情况，分别按最短路径疏散原则和避险原则确定相应的疏散指示方案。

　　e.系统中的应急照明控制器、应急照明集中电源、应急照明配电箱和灯具应选择符合现行国家标准《消防应急照明和疏散指示系统》（GB17945—2010）和有关市场准则制度的产品。

（2）疏散指示

　　公共区域的疏散指示，尽量采用在地面安装无源疏散指示。

（3）应急照明系统设置方式

　　停车场需有1/2的照明灯具为双电源或灯具自带蓄电池。

所有租户内的应急照明，在回路上需与公共区域分开，正常状态下灯具不点亮，处于消防状态时，由消防强启点亮。

影院、超市、溜冰场等特殊租户，需为独立回路，并安装计量电表。

楼梯间灯具须在灯具内或就地安装红外人体感应开关。

6.6.6 商场不间断电源和 UPS 供电

为了保证大厦重要网络设备的安全，商业项目需要对下述部位或设备设置不间断电源：

（1）商场（总）服务台、收银台、ATM 机的插座；

（2）商场 IT 主机房和商场办公室 IT 机房；

（3）弱电间和 IT 间的插座（弱电间内的网络和语音设备电源）；

（4）信号放大系统电源（需要安装计量电表）；

（5）商场公共区域设置部分不间断电源插座（安装在网络插座附近）；

（6）商场财务室插座；

（7）其他需要提供不间断电源的设备或区域，须根据项目情况布设。

6.6.7 照明控制

（1）办公区照明：手动就地控制。

（2）特殊租户通道照明：对于营业时间与商场不同步的特殊租户，其营业通道内的照明灯具不应与商场区域灯具接在同一个回路上，须能独立控制。

（3）光感控制：靠近玻璃幕墙、采光顶下方周围、室外广场内的灯具回路要利用感光装置进行控制，根据光的强度来控制灯具的开关和开启灯具的数量；此部分照明电箱内预留继电器，可由楼宇自控控制并可采用时间控制。

（4）大厦提供的租户内应急照明：租户内的普通照明由租户自行设计和自行控制，商场统一提供的租户内的应急照明灯具平时不供电，当进入消防状态时，通过消防联动强启该应急灯具。

（5）室内标识：室内标识灯具的配电引自公共区域的照明箱，按照商场营业的时间进行控制，控制方式与公共走道控制方式相同。

（6）车库、停车场：灯具回路按 1/2 的形式均匀分布，且车道与车位的灯具不得共用回路，需满足 BAS 集中控制及现场定时控制功能，照明电箱配有可控继电器及手自动转换装置。

（7）商场公共区域：公共区域照明应考虑商场运营管理方式和商业营业时间等因素，对灯具开启数量和回路进行规划后设计照明回路，并结合 BAS 进行控制逻辑设计和调整（灯带应保证光带能够连续点亮）。

（8）照明配电箱：照明配电箱内需有 BAS 集中控制及现场定时控制功能，照明电箱内预留可控继电器及手自动转换装置。

（9）室外照明：室外路灯、景观灯、室外夜间点亮的广告等回路要利用感光装置进行控制，根据光的强度来控制灯具的开关，相关照明电箱内预留继电器，由 BAS 完成控制功能。

（10）地下停车场入口雨棚处的照明灯具要利用感光装置进行控制，该光感控制器可以安装在就近区域，同时在附近的收费岗亭内有手控功能。

（11）设备机房、设备用房、强电弱电间等采用就地控制。

（12）卫生间照明：卫生间的灯具和排风机无须就地安装开关，由商场集中控制，满足定时控制和 BMS 集中控制。

6.6.8 桥架、配电箱柜

（1）桥架

a. 强电专用的消防桥架和正常桥架必须分开，桥架内电缆不得超过桥架容量的 40%。

b. 需为租户配电设置单独的专用桥架，该桥架最大限度地采用直线敷设，尽量减少弯头，以便后期线路增减时敷设和拆除电缆，该桥架不小于 200mm×100mm。

c. 机房、配电间、变配电室内的垂直三通、四通、角弯等必须采用厂家制作的成品，不得现场加工。

（2）配电箱柜

a. 当租户电表集中安装在楼层强电间时，租户配电箱内仅配置隔离开关即可，当采取预付费插卡电表且电表安装在租户内时，租户配电箱内安装租户电表和总隔离开关，电表应安装在该配电箱的独立隔间内，并上锁或铅封，防止租户私自开启电表。

b. 与公共区域照明和插座有关的配电箱，应在精装修设计期间，由与精装修配合的电气专业设计完成。

c. 所有动力箱内须预留有 BMS 的 DDC 专用电源开关及 DDC 接线端子。

d. 需要消防和 BAS 控制的配电箱（柜）内，其箱内配置须满足消防、BAS 的接线要求。

e. 箱体内需有二次接线图、控制原理图和一次接线图。

f. 非租户使用的配电箱、控制箱等，不应安装在租户范围内，非经常开启的配电箱可以安装在公共区域的天花板内，但应考虑到后期的维修方便，应在天棚上留有检修口，如安装在公共区域的柱子或墙面上，箱体须包饰，且安装与装饰面一致的门。

g. 预留供商场活动用的配电箱应安装在柱或墙上距地 500mm 处，箱体须包饰，且安装与装饰面一致的门。

6.6.9 防雷接地及等电位

（1）整个建筑物要求有防雷措施，可在建筑物顶敷设接闪带（对屋面网格线，尽量利用结构钢筋），凸出屋面的设备（如屋顶冷却塔和太阳能集热器架）须设置针式避雷接闪器，利用建筑基础作为接地极。防雷接地设施应满足国家规范要求。

（2）幕墙及室外 LED 需有防雷接地。

（3）在 UPS 间、电信运营机房、楼层强弱电井、配电小间、弱电进线室、卫生间、物业管理处的电脑机房、IT 机房、电梯机房、电梯基坑等处预留等电位端子或端子箱（盒）。

（4）在变配电房、发电机房、消防控制室、中控室、制冷机房、压缩机房、消防泵房、生活水泵房等重要设备机房内设置周圈式接地扁钢。

（5）在机械停车位处预留等电位端子箱。

（6）影院须提供独立的接地系统，接地电阻不大于 0.5Ω。

（7）屋面避雷网（带）要求暗敷在楼面的保护层下或地砖下，在女儿墙等高出的部分可以明敷设。

6.7 弱电系统设计

6.7.1 弱电系统的内容

商业项目的弱电系统包括表 6-16 所列子系统。

表 6-16 商业项目弱电系统

系统名称		说明
安防系统	视频监控系统	对商场进行的安全防范应由建设单位提出技术要求，由专业公司进行方案设计、深化设计和施工（从成本和专业技术方面考虑，不建议由建筑设计院完成该项工作）
	入侵报警系统	
	门禁系统	
	电子巡更系统	
停车场管理系统	停车场收费管理系统	
	智能停车引导系统	
	智能寻车系统	
楼宇自动控制系统	对大厦的机电、设备、照明、电梯等进行智能控制，并对相关专业进行集成。建设单位提出控制要求，专业公司完成设计和施工	
背景音乐系统	商业项目背景音乐应与消防广播合并，由建设单位提出要求，弱电单位完成设计和施工，消防单位配合施工、调试和验收	
电能智能检测系统	当项目设置电能智能监测系统时，建议与火灾漏电报警系统合并设计和施工	
客流统计系统	根据运营需要设置	

续表

系统名称		说明
综合布线系统	商场运营管理语音和数据	根据商场运营管理提出的语音和数据需要，由弱电专业公司进行设计和施工。建筑设计单位可以完成管线路由的规划
	租户语音和数据	可根据项目时间情况和建设单位管理方案，确认是由运营公司负责投资建设，还是由大厦自行投资建设
POS 机系统		根据运营需要设置
信息发布系统		根据运营需要设置
手机信号放大系统		为运营公司自行投资建设项目，大厦配合设计、施工
无线 Wi-Fi 系统		根据运营需要设置
网络系统（含无线 Wi-Fi）		以前根据运营需要设置，随着购物理念的发展，该项目逐渐成为标配项目
有线电视系统		随着网络技术的发展和进步，有线电视在商业项目中的重要性逐步降低，为满足个别租户的需求，在每层弱电间里预留 5 个有线电视接口即可
随着技术的不断进步，商业项目的发展，弱电专业系统、项目、技术等都会有一定的调整和变化		

6.7.2 安防系统

视频监控系统

（1）摄像头布置

商业项目视频监控系统摄像头的设置，需要能够覆盖下述部位。

a.停车场及车道：所有车位和死角（有安全隐患的地方）；商业的所有主、次车道出入口，车道的拐弯、分岔和交会处；所有停车场主、次出入口（摄像头须带自动转动功能）；停车缴费口。

b.商场公共区域：商场的总服务台；商场公共区开敞区域；所有商场公

共走廊通道的转角及交会处。

c. 电梯：客梯和货梯的轿厢内；所有扶梯和步道梯上、下楼层处；电梯前室或电梯厅。

d. 商场后通道及消防通道：消防通道通往室外的楼梯出口处；通往屋面的消防楼梯的出口处；室内通往消防楼梯的入口处。

e. 商场出入口及周边：所有商场出口出租车临时停靠站须安装室外智能高速球，支持预置位、巡航功能；商场周围主要出入口部位；首层主力租户外立面上的出入口处。

f. 商场重要机房：弱电机房、直燃机房、换热站、热力冷冻机房、消防机房、发电机房、生活水泵房、变配电室、监控机房、消防控制室及其外走廊。

g. 其他特殊区域：所有卸货平台；卸货区入口或货梯门厅；商场管理办公室、财务室和收银台（应设有语音录制）。

（2）系统结构

视频监控系统结构上主要由摄像部分、传输部分、控制部分、显示及录像部分组成。

a. 摄像部分

依据前端设备的具体安装位置及安装环境，采用高速球、枪机、半球或室内外快球、电梯专用摄像机。商场内公共走廊采用半球式摄像机，电梯轿厢内选用电梯专用摄像机（半球型）。地下停车场采用枪式低照度摄像机。所有摄像机应选用540线以上。地库和电梯专用摄像机均可采用低照度彩转黑摄像机，建筑出入口摄像机具备红外一体半球照明。室外主要出入口、出租车停靠站可采用红外7寸高速球，摄像机应选用22倍低照度一体机。

应采用彩色监视器，并有内置式补光功能（用于录像的目的）。

b. 传输部分

传输部分负责把摄像机输出的视频信号及控制信号上传到监控中心，安防监控系统的传输采用以视频信号为基础的基带传输方式。室内有吊顶的区域设吸顶半球摄像机，线路在吊顶内线槽敷设，室外区域采用立杆安装，线路穿保护套管理地敷设。

c. 控制部分

控制部分的器件在监控中心通过有关设备对前端摄像机进行远距离遥控。中央控制矩阵主机，采用单独配置的微处理器，要求具有较好的稳定性和可靠性。矩阵主机可控制高速球、全方位摄像机及其他摄像机进行画面切换等功能。矩阵须满足系统要求，如控制输出监视器上的画面路数、控制摄像机协议、巡航、画面放大缩小、对操作员分级别管理等功能。监控系统的画面显示应能任意编程、自动或手动切换，在画面上应有摄像机的编号、摄像机的部位地址等，同时可以对指定的位置实现图像移动报警。

　　d. 显示及录像部分

　　这一部分由多台 21 吋以上的监视器组成。可采用多种方式灵活显示终端图像及可切换显示，也可全屏幕及 4、9、16 多画面显示，同时与系统记录相连做实时录像。每个显示屏最多只能放 16 个摄像头的屏幕。显示屏数量配置时应能播放所有摄像头的画面，显示屏上必须有时间、日期、地点。必须设置一块 42 吋或以上的显示屏，能够任意切换所有摄像头。系统应能存储视频录像 30 天（每天 24 小时）以上，回放录像时画面应保证清晰流畅。系统要预留一定的余量，以备后期增加和调整系统。

　　此外，商场办公室内的收银室、点钞室及办公室内的其他监控摄像头应接到电脑机房，单独提供成套设备，要求能够保存至少 1 个月的录像数据。监控系统的电脑、摄像头和链路上设备的电源必须为 UPS 不间断电源及双电源，可共用消防中心的 UPS。

入侵报警系统

（1）系统功能描述

　　a. 入侵报警是通过自动探测或人为触发的方式进行集中报警，并联动相对应的摄像机，将图像切换并投放至安防中心的屏幕墙上，并做报警实时录像。

　　b. 自动探测：主要采用红外 / 微波双（三）鉴探测器进行报警。

　　c. 人为触发：主要采用门磁报警和报警按钮。

　　d. 入侵报警系统可由控制中心统一进行撤防和布防操作，也可根据具体情况单独进行撤防和布防操作，可以视频监控联动。

　　e. 配备管理软件进行报警信息记录与电子地图显示，软件要求能与监控管理系统进行集成，报警时监视器可自动切换成附近的摄像机画面，并可根据需要设置各防区类型。

　　f. 根据具体需求设置出入口控制系统，须同火灾报警系统联动，即消防状态下能够根据消防信号解除消防通道和消防楼梯处的报警及门磁，以便人员能够快速撤离。

（2）系统防护范围

　　a. 在下述部位安装双（三）鉴报警器：

商场收银台、服务台、停车收费站、停车场出入口；

所有主、次出入口；

所有扶梯和坡梯上、下楼层；

地下扶梯前室的入口处；

客梯和货梯轿厢外；

其他重要区域。

　　b. 在下述部位安装门磁报警器：

通往消防楼梯前室的第一道防火门；

通往屋面的防火门；

首层通往室外的消防楼梯或通道的最外一道防火门。

　　c. 在下述部位设置手动报警按钮：

商场总服务台、收银台；

商场管理办公室的收银台和点钞室；

无障碍卫生间、育婴室、儿童卫生间。

（3）特殊区域

　　财务室、金库须提供一套单独的入侵报警系统（包括但不限于报警联动主机、防震动报警探测器及红外报警探测器、手动按钮等），并与110接警中心连接。

（4）应急电源

　　入侵报警系统单独考虑 UPS 电源，要求满足停电时报警系统可连续供电8 小时。

门禁系统

（1）门禁系统组成

　　门禁系统由门禁点、系统线路、管理主机、发卡器、管理软件、UPS 电源组成，其中每个门禁点主要由控制器、读卡器、磁力锁、出门按钮和紧急按钮组成。

（2）系统点位设置

门禁系统的设计主要包括以下两部分。

a. 重点机房

在项目地下室的重要机房设置门禁系统，包括弱电机房（不包括运营商独立使用的弱电机房）、变配电室、发电机房、变压器房、高压和主要低压配电柜房、换热站、热力冷冻机房、冷水机房、锅炉房、生活水泵房、消防水泵房、消防控制中心、安防控制中心、有线电视机房、电梯机房、气瓶储藏室、其他重要机房和区域。

b. 管理办公室

管理办公区的主次大门、财务室、物业 IT 机房、办公室里的网络机房、物业办公室的洽谈室等。

（3）系统管理

a. 门禁监控的主系统应设在中控室。

b. 商场办公室的人事室应有一台电脑连接到中控室的门禁系统，并能管理商场办公室人员门禁卡。

c. 门禁卡的读卡器和制卡应安装在人事室。

电子巡更系统

（1）巡更系统功能

巡更系统为离线式操作系统，使用带地址码的巡更点，要求巡更人员按照制定的路线巡逻，在限定的时间内到达巡更点，通过巡更棒阅读每一个巡更站，并记录信息。

每部记录器均能通过交接硬件及软件与保安报警系统计算主机交接，显示预设及实际巡更线路，以及巡更员记录检查事项等资料，并可按要求打印报告存盘。

（2）巡更点布置

电子巡更系统覆盖范围应包含整个物业管理范围，应在建筑外围、出入口、各层楼梯、各设备机房、楼内及屋面适当设置，满足保安巡逻、机电巡检等管理需要，由物业管理部门设定管理路线，并安装巡更点。

（3）巡更棒

巡更棒（即数据采集器）的主要功能是采集前端信息点上的编码及采集时间，并需要一定的存储容量。巡更棒的数量应根据物业管理的实际需要进行配置，同时还应考虑一定数量的备份。

（4）设备配置

离线式电子巡查系统除了前端信息点、数据采集器外，还需要配置数据变送器、电子巡查管理软件及计算机。其中，巡更系统的管理计算机可以与门禁系统共用，无须单独设置。

（5）信息储存

电子巡查系统的信息保存要求不少于7天。

6.7.3 停车场管理系统

停车场管理系统说明

应根据项目实际情况和运营管理要求，合理选择停车场管理系统，停车场管理系统包括停车场收费管理系统、智能停车引导系统和智能寻车系统。

（1）停车场收费管理系统

a.停车场管理采用现场人工收费和预付费两种收费方式。

b.停车场管理系统具体包括地感线圈、停车场入口设备、出口设备、电动栏杆、收费设备、收费软件（软件为可控制分时段收费）、图像识别设备（包括出入口摄像）、车位显示器、中央管理站、管理岗亭等。

c.建议采用影像全鉴别系统，对进出的车辆采用车辆影像对比方式进行放行和收费，缩短车辆等候时间并节约人力投入。

（2）智能停车引导系统

智能停车引导系统包含以下设备。

a.数据采集系统：由车辆探测器和控制器组成的车位监测器。

b.中央处理系统：其功能是对采集到的数据进行分析，并在相应输出设备上进行显示。

c.输出显示系统：由显示屏和引导牌组成。

（3）智能寻车系统

a. 智能寻车系统的主要功能：顾客进入停车场停车后通过 App 进行车辆定位，系统的记录里即存入该车辆所在位置的信息；顾客在返回停车场时，可以查询车辆位置，以便快速找到车辆。

b. 智能寻车系统由车位检测器、视频处理器、中央处理器、网络交换机、室内外的 LED 显示屏、寻车终端等硬件设备组成，还有配套的综合管理一体化软件及操作平台车位摄像头。

c. 新型二维码停车寻车系统。

功能简述

（1）停车场收费管理系统的主要功能

a. 图像抓拍对比功能

出入口安装高分辨率摄像机，对出入车辆自动拍照和识别，通过自动抓拍将车辆的外形、颜色、车牌号码等图像信息存入电脑，在车辆出场时进行系统自动分析和比较，并联动系统执行收费和放行指令。

b. 自动放行功能

对于会员客户或者办理停车卡的客户、预付费的顾客，可以进行自动识别和自动放行。

c. 应急疏散功能

出入栅栏门自动控制，在紧急情况下，如发生火灾，系统可将入口改为出口，及时将停车场内的车辆紧急疏散。

d. 意外报警功能

系统对出入栅栏门被破坏、非法打开收银箱、用假卡出入等违规行为具有记录和报警功能。

e. 记录功能

系统应有出入记录功能和人工干预手动开闸记录功能。

f. 自动计费和统计功能

管理系统应能自动加减车辆进入和离开的时间，计算费率。

管理系统应能自动统计营收账目、车辆出入、现金收入记录。

g. 防砸车和砸人功能

道闸配合车辆检测器实现防砸车和防砸人功能，当道闸下有车辆（或人）时闸杆不会下落，即便当闸杆下落时有车辆（或人）行至其下面，闸杆也会止落上抬，车辆（或人）离开后，闸杆再自动下落。

h. 中文显示功能

出入口控制机箱的 LED 显示屏全中文显示欢迎词语、收费金额、卡中余额、卡有效期、充值提醒、车位已满以及停车场其他相关信息等。

i. 语音提示功能

正常操作时可语音提示放行、读卡、收费金额、有效期等相关信息，误操作或非法操作时做出相应的语音提示。

（2）智能停车引导系统

a. 车位显示

显示停车场的车位信息，当没有车位时，自动启动车位已满显示。

b. 车位引导功能

实时检测车位的占用或空闲状态，并将检测到的车位状态变化信息由车位引导控制器即时送至车位引导显示屏，指引车辆行驶至最佳的停车位置。

c. 多区域车位计数功能

多区域停车场，利用车辆检测器及计数控制器实现对各区域停放车辆的统计，通过车位信息显示屏来引导车流。

d. 会车提醒

在车道狭窄或拐弯处安装检测器，结合声光装置提醒行驶车辆注意前方来车。

（3）智能寻车系统

a. 逆向寻车

在购物中心的大型停车场内，当车主进入停车场后，通过反向取车系统刷卡（或扫描二维码）签停，待车主返回寻找车位时通过在查询端刷卡、扫条形码或二维码等形式，显示车主及车辆所处的位置，并能迅速规划最优路线，帮助车主尽快找到车辆停放的区域。

b. 自动寻找车位

系统同时结合车位引导功能，可以自动引导车辆快速进入空车位，消除寻找车位的烦恼。

　　c. 智能寻车系统应能够记录停车信息并结合客流系统进行统计分析

　　d. 自动统计车位信息

　　系统可以通过后台自动统计停车的车位信息，包括剩余车位数量、剩余车位的位置，并能实时地在项目网站或相关 App 上更新显示，使顾客能够及时知晓停车场的车位信息，提高提车效率。

其他要求

　　（1）管理收费亭内需要安装分体空调。

　　（2）需要在商场办公室区域建立停车管理主机，以便能够实时查看停车场收费管理情况及商场管理所需要的数据信息等。

　　（3）在每个停车收费站入口处安装停车费显示屏。

　　（4）停车场管理室设置在停车库和停车场出入口的水平段，且保证司机停车取卡和缴费时能够方便操作。

　　（5）收费系统应运行可靠，无数据丢失。运行出错后，应能准确、迅速地恢复。以密码确定使用权限，保护数据安全。

　　（6）在停车场管理室内应预留双路电源供电的照明配电箱，为停车场管理系统提供可靠的电源装置。

　　（7）联网和独立运行：停车场管理系统应能独立运行，亦可与安防系统联网，当联网运行时，应满足安防系统对该系统管理的相关要求。

6.7.4 楼宇自动控制系统

楼宇自动控制系统概述

　　楼宇自动控制系统包括但不限于以下几部分。

（1）中央控制系统

　　a. 楼宇自动控制系统中央控制设备（包括系统工作站、控制器、交换机、UPS 电源等）。

　　b. 楼宇自动控制系统中央控制系统的线槽、接入管线。

　　c. 从楼宇自动控制系统专用接地端子箱下接至各需要接地的 BMS 设备的接地线路。

　　d. 配电箱下接线后与楼宇自动控制系统设备有关的所有线路。

（2）传输线路

（3）现场控制 DDC

（4）末端信号采取设备

（5）传感器和探测器、输出输入模块、传感器、接驳点

系统监控范围

（1）对暖通空调系统的监控

　　从所有暖通空调设备的执行机构（包括但不限于各型电动、电磁阀门、水流指示器、压力开关、远程计量装置、控制箱内继电器等）至 DDC 和中控的所有设备和线路（包括 DDC、各输入输出模块、各传感器、各信号采集装置、各控制附件等）。

（2）对给排水系统的监控

　　从所有给排水设备的执行机构（包含但不限于各型电动、电磁阀门、水流指示器、压力开关、远程计量装置、控制箱内继电器等）至 DDC 和中控室之间的所有设备和线路（包括 DDC、各输入输出模块、各传感器、各信号采集装置、各控制附件等）。

（3）对排烟、排风、补风风机的监控

　　对排烟风机、排风风机、补风风机进行监控，从配电箱接线端子至 DDC 和中控室的所有设备和线路。

（4）对空调机组的监控

　　从空调机组的接口至中控室的所有设备和线路，且需要根据 BMS 的监控要求，对空调机组的接口形式进行提资。

（5）对电梯系统的监控

　　从所有电梯机房、中控室、楼宇自动控制系统监控模块（包含该模块）至中控机房的所有设备和线路。

（6）对变配电设备的监视

　　a. 对变配电设备的工作状态进行监视和测量所需的所有设备和线路，传感器、互感器等设备由变电所承包商提供，传感器、互感器后的所有线路和控制设备由 BMS 承包商提供。火灾漏电报警装置等成套设备，则需要通过网关

接口连接。

b. 对变压器的温度、发电机组的故障、油箱液位进行监测。

（7）对公共照明和室外照明系统的监控

从公共区域（包括地下车库）和楼体立面照明至室外的照明系统灯具监控的设备和监控线路（包括 DDC、各输入输出模块、各传感器、各信号采集装置、各控制附件等）。

（8）对广告和标识指引系统的监控

对商场公共区域的广告位、指引系统进行监控，以实现商场开关店时对广告和指引系统的控制。

（9）系统集成

系统集成包括但不限于以下几部分。

a. 集成服务器：工作站、以太网集线器和打印机、接口、控制器及相关软件、相关设备及其附件、软件。

b. 将各个系统完整、可靠地集成在一个系统内。

c. 协调暖通空调、给水排水、强电 /BMS 等专业，使各专业设备能统一集成在系统内。

控制方案要求

（1）冷热源系统

BAS 监控点如下。

a. 冷水机组

系统监测冷水机组的运行状态、故障状态；控制冷水机组的启 / 停指令；每台冷水机组进出水管上设电动蝶阀。

b. 冷冻水泵

系统监测冷冻水总供 / 回水温度、压力、冷冻水总流量、冷冻水泵的运行状态、故障状态；每台冷冻水泵后设水流开关；控制冷冻水泵的启停；分水器、集水器压差检测；根据压差调节旁通阀开度。

c. 冷却水泵

系统监测冷却水总供 / 回水温度、冷却水泵的运行状态、故障状态；每台冷却水泵后设水流开关；控制冷却水泵的启停。

d. 冷却塔

系统监测冷却塔风机的运行状态、故障状态；控制冷却塔风机启停；每台冷却塔进水管上设电动蝶阀，并与冷却水泵及冷却塔风机联锁。

e. 换热系统

系统监测一次水供 / 回水温度、压力、流量、二次水回水温度、热水循环泵运行、故障报警及启停控制。

（2）空调送排风系统

BAS 监控点如下。

a. 新风机组

检测新风机组送风温度；系统依据设定值与送风温度的偏差调节电动调节水阀开度；系统监测过滤器压差、堵塞报警、通知清洗或更换；新风机组运行状态、故障状态监控及分时间段控制启停；采用开关风阀、与风机联锁、停风机后关闭风阀。

b. 空调处理机

检测空调机组送 / 回风温度；系统依据送 / 回风温度值调节电动调节水阀开度；系统监测过滤器压差、堵塞报警、通知清洗或更换；空调处理机运行状态、故障状态监控及分时间段控制启停。

c. 送排风机

系统根据排定的工作及节假日时间定时启停送 / 排风机；兼作消防排烟的送排风机在消防状态下应具有消防优先的控制功能；系统监测风机的运行状态、故障报警。

d. 排油烟系统

系统根据排定的工作和时间及餐饮店铺的需要启停屋顶排油烟风机（如有变频风机，不需要对风机的频率进行调控）；厨房补风风机的启停控制；事故排风风机启停控制；系统监测风机的运行状态、故障报警。

（3）给水排水系统

BAS 监控点如下。

a. 水泵运行状态、故障状态。

b. 生活水箱的高、低水位检测。

c. 生活水池的高、低水位检测。

d. 潜水泵运行状态、故障状态。

e. 污水池的高、低水位检测。

（4）变配电系统

BAS 监控点如下。

a. 变压器超温报警。

b. 应急电源的电池电压。

c. 监测油箱液位。

d. BAS 系统预留与柴油发电机的通信接口（需要确定接口形式）。

（5）灯光、照明控制

BAS 监控点如下。

a. 监测室内公共照明、停车场的开关状态，按时间启停控制。

b. 监测户外泛光照明开关状态，按时间启停控制。

c. 监测地下室诱导风机的开关状态，按时间和区域进行启停控制。

（6）电梯系统

BAS 系统监测电梯的运行状态、故障状态。

（7）广告、标识指引系统

BAS 自动监测广告、标识指引的开关状态，按预设控制方式进行启停控制。

（8）热风幕和电加热板

a. 系统根据排定的工作日和节假日时间定时启停热风幕和电加热板。

b. 系统监测热风幕和电加热板的运行状态、故障报警。

（9）其他特殊设备机组

当项目有其他特殊设备、机组或系统，BMS 系统需要对其运行参数、状况及相关技术数据进行采集时，建议由该厂家提供 BACnet 协议或其他通用协议形式（不建议采用 OPC 接口形式），以实现系统之间的连接。

技术要求

（1）楼宇自动管理系统应对监控点位进行统计，以便准确地设计系统和控制成本。

（2）除了已经统计的点位数量外，各个 DDC（直接数字控制器）应当具有至少 20% 的备用容量，用于未来附加功能的扩展。

（3）除现场 DDC 外，LAN（局域网）应当具有至少 100% 的备用容量，用于将来附加功能或 DDC 的增加。

6.7.5 背景音乐兼消防广播系统

系统描述

（1）背景音乐系统的广播机房与消防控制中心合用。系统采用定压输出方式，具备背景音乐播放和消防广播两个功能。

（2）系统按照建筑物功能分区及相应楼层划分为多个广播区域，话筒音源可自由选择对各区域回路，或单独，或编程，或全呼叫和广播，且不影响其他区域组的正常广播。分区由承包商深化设计，并提交深化设计图纸审核，由建设单位审核通过后方可实施。

（3）系统接入消防联动系统，火灾时切断背景音乐系统广播，然后消防广播系统自动或手动打开相关楼层 / 区域的紧急广播。

（4）系统在由总控室（位于消防控制中心）集中控制的同时，商场服务台必须也能进行调控，在控制优先级别上总控室控制优先级高于顾客咨询台。

（5）所有促销区域必须有就地广播功能，设置麦克风音乐输入接口（接口面板预留在促销区柱面距地 300mm 处），背景音乐必须能随时切断。

系统设置要求

（1）背景音乐系统包括音源输入装置、前置功放、功率放大器、线路及设备监控、区域选择器、消防强切装置、智能话筒、音量调谐器、音量开关及各类扬声器等。

（2）背景音乐系统由商场公共区域背景音乐兼消防广播、室外背景音乐、租户及机房区域消防广播三部分组成，三部分可共用一套主机设备。其中，商场营业区域的喇叭须兼有背景音乐和消防广播两种功能，租户和超市区域的喇叭仅需具备消防广播功能即可，消防状态下室外背景音乐应能够强制停止播放。

（3）若租户（如超市及一些特殊租户）自设背景音乐系统，在正常状态下，自设背景音乐系统的租户可以自行任意播放音乐，在消防状态下，则应通过消防主机提供的消防信号，按照消防要求强行切断租户（如超市及一些特殊租户）的背景音乐，并强启商场设置的消防广播系统（本项功能可以由承包商提供最经济和最优化的控制方案和接线方式）。

（4）主机设备和控制系统（矩阵）设在消防控制中心，在消防控制中心完成背景音乐的所有功能和设置、权限等工作。

（5）在商场一层的总服务台，可以通过总服务台计算机或远程呼叫站完成背景音乐的全部功能。

（6）在一层促销区和主入口的广场各预留语音接口插座 1 个，该插口为通用型话筒插口。当举办促销或商场活动时，将现场话筒插入该插口，便能通过总服务台或控制中心主机，将促销语音在商场内进行同步播放。

（7）广播喇叭（扬声器）的设置需要满足在商场公共区域的音乐声音无死角，保证声音的均匀性和连贯性，音量大小以不影响顾客正常交谈为宜。

（8）广播喇叭（扬声器）原则上以均匀、分散的原则配置于广播服务区。其分散程度应保证服务区内的信噪比不小于 15dB。

功能要求

（1）背景音乐状态下的功能和要求

a. 应采用合理且适用的系统，以便维护和扩展。所有设备配置均应考虑冗余和备用，当某局部设备出现故障时，不会影响整个系统的使用，主设备全部采用标准机柜安装。

b. 采用有线定压广播系统，首先必须能够提供清晰的语音广播通信，其次是能够提供良好的背景音乐和消防广播。

c. 广播控制台上应该有带标识的选择键，以便进行语音呼叫、公共广播、区域选择和紧急广播等操作。

d. 系统配备优先选择开关，通过控制键盘可以优先控制整个系统。在紧急情况下，可选择使用每个广播分区的所有扬声器进行呼叫。每个广播区域的背景音乐音量调节器不能影响紧急呼叫的功能。

e. 在计算机和总服务台的控制管理下，系统用于播送商场促销信息、背景音乐，同时还可提供寻呼、通告、紧急广播等服务。

f. 系统（除租户、停车场、机房等区域的喇叭以外）在正常状态下播放背景音乐，当发生火灾或其他紧急情况时，背景音乐系统可进行紧急广播，指导顾客和营业员工疏散，调度工作人员进行应急处理。

g. 系统必须考虑充分扩展容量，主要设备机柜一般应该有足够的尺寸，可容纳将来扩容 20% 的设备。

h. 应配置主 / 备功放和相应的自动切换设备，至少有 1 台备用功率放大器，单个功放失效不应导致整个广播系统瘫痪。功放的额定功率不应小于所带扬声器功率总和的 1.5 倍。

i. 有水火灾害隐患的广播区，其广播扬声器应通过 6 级以上的防水认证，以便在短期喷淋的条件下（如自动喷淋系统启动）仍能工作。单个扬声器失效不应导致整个广播分区失效，配置线路监测设备。

j. 背景音乐系统共有自动、人工两种广播模式。

自动广播模式：系统能根据预先设定的广播内容进行播放，并有多种设置模式。

人工广播模式：利用本地智能麦克风进行人工广播。

k. 系统能够自由灵活地对麦克风、广播分区进行编组，任何一个广播音源信号均可自由地分配至任一广播分区或多个广播分区。

l. 系统需要具备临时插播功能，用户可以在总服务台或消控中心完成临时插播功能，满足商场临时寻人和广播要求，在进行分区插播时，系统可以不中止自动广播的播放，仅在相对应的分区内进行插播。

m. 系统对广播音源信号进行 4 级以上的优先级设定。优先级的排列顺序为消防紧急广播、紧急事故广播（总服务台控制）、紧急事故广播（消控中心控制）、背景音乐。

n. 背景音乐系统在主控室能对任一广播分区的输出进行监听，且能对每一广播分区的广播音量进行调节。

（2）紧急广播状态下的功能和要求

a. 消防广播系统仅在紧急情况下才投入使用。在紧急广播启动后，能根据需要强行切入相应广播分区进行紧急广播，此时，紧急广播分区内的其他广播均会被切换，直至紧急广播结束或被取消，但其他广播分区的正常广播保持不变。

b. 消防广播具有最高级的优先权。系统应能在操作者将系统置于紧急状态下或接到来自火警和其他监测系统信号的 3 秒内播放警示信号或警报语音文件。

c. 消防自动紧急广播：背景音乐系统通过消防自动广播接口设备接收到

火灾报警系统发来的火灾报警确认信号和火灾区域信号后，依据预先设定的广播方式和广播内容，对相应的广播分区进行自动紧急广播。

d. 消防手动紧急广播：操作人员确认火灾后，使用消防控制中心设备（智能麦克风）手动选择广播分区并通过话筒进行人工紧急广播。

e. 火灾发生时，在消防控制室能自动或手动启动相应防火分区的功率放大器，并使背景音乐系统的功率放大器和扬声器强制进入紧急广播状态，旁路扬声器本地调控开关自动调至最大音量。

f. 在其他紧急广播事件发生时，在广播分控室能自动或手动启动相应广播分区的功率放大器，并使背景音乐系统的功率放大器和扬声器强制进入紧急广播状态，旁路扬声器本地调控开关自动调至最大音量。

g. 在环境噪声大于60dB（A）时，扬声器在其播放范围内最远点的声压级应高于背景噪声15dB（A）。

h. 分区报警功能

◆ 全区报警：配合报警发生器，任意一路短路报警就可自动触发整个系统启动并接入报警广播。

◆ 分区报警：任意一路短路报警，相对应的分区自动触发报警广播。

◆ 邻层报警：可预先设置报警模式，N预先、N+1预先、N－1预先、N±1预先模式，当任意一路短路触发时实现上下邻层报警广播。

消防应急广播系统的联动控制信号应由消防联动控制器发出。当确认火灾后，应同时向全楼进行广播。

6.7.6 综合布线系统（语音点和数据点）

系统设计

（1）综合布线系统为智能化应用提供开放式结构化布线，系统应配置灵活、易于管理、易于维护、易于扩充。

（2）综合布线系统包括工作区子系统、水平布线子系统、垂直干线子系统、管理（配线）子系统、设备间子系统。

（3）在商业项目地下室弱电机房，运营商的市政信号通过主干线桥架从室外引至相应的弱电机房。

管线路由

（1）水平路由

在营业楼层，根据商业租赁线，沿商业公共通道敷设综合布线桥架引至弱电间，水平桥架应能覆盖所有的租赁店铺，且需要考虑线缆敷设长度对桥架路由的影响。

（2）垂直路由

a. 根据综合布线系统的需求，在弱电井内敷设垂直桥架。该垂直桥架连通各楼层的水平桥架，并在弱电机房所在楼层汇聚，然后引至弱电机房。

b. 在各层弱电间内需要考虑综合布线机柜的安装位置、空间及所需电源条件。

（3）机房系统

至少提供 2 个面积不少于 $24m^2$ 的弱电机房供运营商使用，并提供运营商所需电源（设置计量电表），该机房内的设备、装修等应由运营商自行提供。

（4）楼层弱电井

a. 弱电井内建议设置 2~3 个落地网络机柜。

b. 弱电井内的网络配线与语音配线宜分为 2 个不同机柜。

c. 弱电井内，配线柜旁边安装 3 个不间断电源插座和 1 个检修插座。

d. 弱电井内，安装环状接地汇集线，接地电阻小于 1Ω。

e. 进线路由弱电的市政引入口敷设弱电系统的干线桥架至弱电机房，线缆由运营商自行敷设。

其他要求

（1）如果路由合适，综合布线系统的水平桥架、垂直干线桥架可以提供给无线 Wi-Fi、信息发布、客流统计等系统共用。

（2）所有线缆和光纤必须完全端接到相应的配线架上，不允许光纤只端接部分芯数，不允许双绞线做水晶头而不搭接到配线架上。

（3）综合布线的所有端口、配架、机柜等必须标记正确、清晰，并不易被污损或破坏。

（4）综合布线系统在设备选型时需要有 20% 的冗余量。

商场租户语音、数据点

（1）开敞店铺和促销区

a. 商场开敞店铺和促销区（柱子上）的信息插座面板或模块颜色要和柱子颜色一致或采用白色。

b. 开敞店铺和促销区（柱子上）的信息插座面板应安装在混凝土墙或砌体墙体上，高度为距地 300mm（在天棚内设置接线盒，为后期穿线提供预留条件）。

c. 促销区每个柱子内侧安装数据点、语音点、应急电源插座。

d. 如果促销区柱子多于 5 根，则只在位于四角和中央的 5 根柱子内侧安装数据、语音和电源点（距地 300mm 并与装饰完成面保持一致）。

（2）商铺

a. 点位位置：商铺内（开放式中岛商店除外）的数据和语音面板底盒安装原则为"有柱靠柱，无柱靠梁，无梁则固定在顶棚上"，商铺内（且距租赁线≥ 1.2m）的任何位置（首选较容易维护的位置）与强电配电箱同侧。

b. 线管敷设：根据业态布置图，从公共区域的水平桥架敷设 1 根（或 2 根）KBG20 线管至租户（商铺）范围内的结构柱、混凝土墙或砌体墙体上，高度为天棚上 300mm 处（高度参照公共区域精装修天花板高度）。

（3）ATM 机

从就近的商业弱电井内各敷设 1 根 KBG20 线管至规划 ATM 机所在位置的结构柱、混凝土墙或砌体墙体上，高度为距地 300mm 处（在天棚内设置接线盒，为后期穿线提供预留条件）。

（4）商业项目租户语音和数据点位预留标准如表 6-17（D 表示语音，T 表示数据）。

表 6-17 商业项目租户语音和数据点位预留方式汇总

序号	名称	类别及数量	单位	安装位置	其他
1	商铺＜ 250m²	1D，1T	个	商铺内（且距租赁线≥ 1.2m）的柱子上方	
2	250m² ＜商铺＜ 1000m²	2D，2T	个	商铺内（且距租赁线≥ 1.2m）的柱子上方	两组语音数据点应在租户内不同的地方，便于后期店铺拆分时能够满足需求

序号	名称	类别及数量	单位	安装位置	其他
3	开放式商铺	lD, 1T	个	商铺内（且距租赁线≥1.2m）的柱子上方	
4	ATM 机	lD, 1T	个	安装在柱子上，无柱子靠墙距地300mm	2 个电源插座，须为不间断电源
5	促销区	lD, 1T	个	安装在促销区柱子上，距地300mm	每根柱面下部提供 1 个 10A 电源插座

（5）商业运营管理语音和数据点位设置标准如表 6-18（D 表示语音，T 表示数据）。

表 6-18 商业运营管理语音数据点位预留方式汇总

序号	名称	类别及数量	单位	安装位置	其他
1	客户咨询台（总服务台）	2D, 4T（内线 2 个）	个	须安装在桌子上，其中 1 个内线电话接至商场管理办公室	6 个双电源电插座
2	变配电室	1D, 2T（内线 1 个）	个	安装在值班室，办公桌侧墙上距地 300mm	2 个电源插座
3	消防控制中心、监控中心	1D, 2T（内线 1 个）	个	靠近办公桌墙上，距地 300mm	2 个电源插座
4	直燃机房	1D, 2T（内线 1 个）	个	靠近办公桌侧墙，距地 300mm	2 个电源插座
5	停车场管理收费站（每处）	1D, 2T（内线 1 个）	个	安装在停车场收费亭，室内距地 300mm	不出租时预留
6	商场管理办公室（另行纳入商场管理办公语音数据系统）	1D, 2T（内线 1 个）	个	办公室办公桌	2 个电源插座
		2D, 4T（内线 1 个）	个	总经理办公桌	4 个电源插座
		4D, 2T（内线 1 个）	个	复印区	4 个电源插座
		2D, 2T（内线 1 个）	个	每个会议室（会议桌下边）	2 个电源插座
		2D, 4T（内线 2 个）	个	前台服务台	4 个电源插座

序号	名称	类别及数量	单位	安装位置	其他
7	物业电脑机房	2D，2T（内线1个）	个	靠近办公桌侧墙上，距地300mm	2个电源插座
8	中央收银系统	2D，2T	个	安装在柱子上，无柱子时靠墙，距地300mm	4个电源插座，须为不间断电源

6.7.7 无线 Wi-Fi 系统

为保证进入商场的客户可以随时随地自由接入无线网络，应为商业项目提供免费无线 Wi-Fi，满足用户在公共区域无线上网的需求。

商场进而可以根据网络对用户位置信息的收集，提供需要应用的推广和客流分析，对商场内的人员或物品进行实时定位，发布商业信息等。

无线 Wi-Fi 应覆盖项目内的所有区域。

6.7.8 客流统计系统

系统概述

（1）在商业区设置一套客流分析系统，优先选用视频客流统计系统，视频客流量统计分析系统主要由前端采集单元、客流检测及分析统计单元、后端分析管理单元以及远程监控客户端软件等组成。

（2）要求计数准确稳定，系统组网灵活，数据实时性强，报表实用性强，数据安全可靠，维护成本小，系统能满足更新换代的需求。

客流统计系统的布置

（1）地下层的商业出入口。

（2）停车场商业入口。

（3）首层商业主、次出入口。

（4）当大门宽度大于 2m 时，需按每 2m 一个统计点进行设置。

系统功能

客流统计分析系统至少应满足下述功能。

（1）双向客流量统计功能。

（2）客流保有量计算功能。

（3）客流数据查询功能。

（4）数据对比分析功能。

（5）数据报表导出功能。

6.7.9 商场信息发布系统

系统说明

（1）信息发布系统应能向来访公众提供告知、信息发布、演示及查询等功能，系统应由信息采集、编辑、播控、显示和信息导览系统组成，应根据观看范围、距离、安装位置及方式等条件合理选择显示屏的类型和尺寸，显示屏应配置多种输入接口方式，系统应能支持多通道显示、多画面显示、多列表播放，支持所有格式的图像、视频、文件的显示，支持同时控制多台显示屏显示相同或不同的内容，系统播放内容应流畅、清晰，满足相应的播放质量要求。

（2）在底层主要门厅等处安装若干台室内全彩电子显示屏（包括等离子、DLP、液晶及条形屏等多种形式），显示屏与信息中心计算机联网，定时向来访者及办公人员发布各类信息（包括有偿广告、大楼设施分布图等），应具有直观、形象、生动的特点。

（3）系统以语音、画面、视频等形式向来访者提供优质、形象、多方位的多媒体信息服务。

点位预留

（1）考虑商场的运营扩展，在商场建设期应对信息发布系统进行数据点位和电源预留，在没有规划项目信息发布的前提下，建议在表 6-19 所示位置预留数据点位和电源。

表 6-19 商业项目信息点位预留方式汇总

序号	部位	信息点	电源	备注
1	商场主、次入口	各设 1 个	15A、220V 插座 1 个	安装在地面或装饰柱上
2	首层各扶梯入口附近	各设 1 个	15A、220V 插座 1 个	安装在地面或装饰柱上
3	营业楼层扶梯口	各设 1 个	15A、220V 插座 1 个	安装在地面或装饰柱上
4	观光电梯	各设 1 个	由电梯厂家提供电源（与电梯照明联动控制）	安装在电梯轿厢内
5	中庭柱子（靠近中庭侧的中间柱子）	每个中庭的二层各设 1 个	电源预留箱，380V 电源	安装在地面或装饰柱上
6	室外 LED 屏		根据屏体需求提供电源，并接受 MBS 的监控	室外 LED 屏的控制主机应设置在系统的管理中心

（2）信息发布系统的管理中心应设置在商场管理办公室内，由播放管理工作站、服务器、媒体制作工作站等部分组成。播放管理软件安装在播放管理工作站和服务器上，系统的架构灵活，可以采用分布式体系。管理员通过局域网可以实现对播放器的集中管理和控制，如素材管理、节目单编辑、节目内容传输、实时监播等。媒体制作工作站的主要功能包括音视频的采集、非线性编辑、后期制作、媒体格式转换等。

网络

信息发布系统的管理工作站不可与外网连接，以防止黑客入侵，发布不良信息。

6.7.10 对讲机信号放大系统

系统要求

（1）对讲信号放大器一般安装在弱电井、配电间，以覆盖商场内所有范围为基准，保证商场任何角落无盲区，通话流畅、清晰。

（2）覆盖区域为项目的地下室、商业区域及设备机房、通道、楼梯和电梯内以及室外建筑红线范围以内。

（3）整个对讲机覆盖系统采用室内吸顶天线和同轴电缆组成的室内无源分布系统来实现信号的覆盖。

设计原则

（1）在保证系统覆盖信号质量的前提下，尽可能降低工程造价成本，采用适宜的线缆及器件。

（2）场强与信号情况：设计中尽量做到室内场强均匀，并有足够的边缘信号强度，合理选择天线的类型，合理规划天线的输出功率及布放位置，使设计达到良好均匀覆盖的同时，采用的天线数量最少。

（3）控制信号泄漏：为建立较完美的无线覆盖网络，在设计时兼顾边缘场强的计算，保证不会产生明显的信号泄漏，同时覆盖网络必须对外界的干扰小，并且不易受到其他同类设备的干扰。

频道的规划和使用

整个项目一般规划为四个频道，可提供给四个部门同时在线使用，其他临时部门可通过脱网频道在大楼的部分区域进行通信，既节约了有限的频率资源，又可以不受干扰地通信。

系统覆盖的范围及效果

系统设计要对项目做到完全覆盖，设备发射功率在 3W 挡时，通信的质量都可达到话音 5 分标准，并且无断断续续的现象，建筑内 95% 以上的区域信号场强高于 -75dBm，建筑红线外 100m 以外信号场强低于 -105dBm，既要符合当地无线电管理局对企业对讲机对外界电磁泄漏的规定，同时也要保证企业的调度保密性。

使用合法的频率及系统许可证

无线对讲机覆盖系统所使用的频率应向当地无线电管理局申请，由无线电管理局指派频率，并取得该频率的使用许可证。同时，该系统的承包商有责任采用技术措施来避免在合法频段上来自外界的频率干扰，并避免建筑内的信号向外界泄漏。

CHAPTER

7

第 七 章

商业地产室内改造
设计要点

7.1 明确改造目的

随着商业地产的发展和商业地产存量的不断增加，需要进行商业改造的项目越来越多，而在商业改造的实施过程中，相关工作的要点和程序就显得十分重要。

在商业改造前，一定要对项目的改造目的有清晰、准确的结论，这样对所有工作，包括项目改造周期、改造方式、改造成本等，才能做出较为明确的计划。一般商业项目会有以下改造诉求。

（1）追求商业业绩的持续增长

商业项目本身经营情况良好，为了适应社会发展和应对不断出现的竞争压力，主动对项目进行升级改造，以求保持业绩增长。这种目的的改造，一般规模不会很大，大多以局部改造、分阶段改造、不停业改造的形式为主，改造内容多以装饰设计施工调整为主，机电改造基本为配套调整和设备末端追位，一般不会或极少调整整体机电系统。

（2）改善目前经营现状

项目目前经营状况不太理想，希望进行相当规模的改造，以期带来良好的发展形势。这种目的的改造，一般规模较大，有可能是全面性的改造，改造内容更为广泛，可能会涉及动线、店铺规划和业态的调整，其中，室内设计和机电设计都会有较大规模的变化，也可能会涉及局部的建筑和结构改造。

（3）希望呈现全新面貌

商业地产项目经过了长期的运营，已经满足不了顾客的消费需求和变化，或者经过了收购、转让，需要有一个全新的面貌呈现出来。这样的改造往往是全方位的，改造内容涉及商业设计全链条，包括商业策划、建筑、结构、机电、室内、景观、展陈、标识、照明等，需要投入的成本较大，项目改造周期较长。

（4）经营性质调整

还有一些原本不是商业地产性质的项目，要改造成商业地产，或者由一个类型的商业项目改造为另一个类型的商业项目，如大型建材市场改为购物中心，百货商场改为购物中心等。这种类型的改造需要解决的问题非常多，改造内容要涉及商业设计全链条，对于设计来说，难度甚至远远超过新建项目，同时，投入资金较大，改造周期也较长。

（5）扩建改造

有些商业地产项目原有的规模已经不能满足其使用和发展要求，因而会进行扩建。此类型项目设计的难点之一是如何将扩建部分与原有部分在建筑形式、商业布局、动线组织上进行有机融合及合理的驳接，需从规划设计开始进行，项目周期往往更长。

7.2   全面性、全团队的商业调研

商业调研是商业地产改造前期非常重要的工作，它的全面性、真实性往往能决定这个项目进行的顺利程度，甚至成败。其中有两个关键点：全面性、全团队。全面性容易理解，即调研涵盖的内容要全面、真实；而全团队是指参与调研的工作团队应该是项目涉及的各个领域的专业性团队，如投资、商业策划、商业运营管理、商业设计等。调研的结果应当形成专业的调研报告，并推导形成"可行性研究报告"。

7.3   投入资金的准备

投入资金的准备是基于"可行性研究报告"的结论，资金的准备程度、筹集方式、投入计划都是项目顺利进行的坚实保障。

7.4　与政府或相关管理部门的沟通

在商业改造项目的初期，应与项目当地的政府或相关管理部门进行充分、有效的沟通，主要沟通内容有以下几项。

（1）政府或相关管理部门对项目形象和使用性质的要求。

（2）政府或相关管理部门对项目面积和高度等规划指标的宽容度及调整的可能性。

（3）政府或相关管理部门对项目相关的新规范的执行程度的要求。

（4）政府或相关管理部门对项目可能出现的电力、燃气等问题的配合程度。

这些沟通所得出的初步结论，对后续的设计工作具有重要的指导意义。

7.5　商业改造设计

商业地产设计是相当复杂的设计类型，关联的方面很多，尤其是改造设计更具难度。

（1）商业改造设计的内容

a. 建筑改造设计：可能涉及总图、道路、广场、入口、建筑平面、建筑立面、建筑高度、防火分区、防烟分区、共享空间变化、竖向交通组织、商业动线、店铺及商业单元的划分等。

　　b.结构改造设计：基于建筑改造设计、业态改变及新增设备造成的荷载变化，以及新规范变化带来的结构加固和改造设计。

　　c.室内改造设计：室内公共区域的空间设计及专业集成。

　　d.机电改造设计：基于建筑改造设计、室内改造设计、业态改变及新增设备而造成的变化，以及新规范变化带来的机电改造设计，涵盖空调通风、给排水、消防排烟、自动火灾灭火系统、消火栓、强电、弱电等。

　　e.其他：灯光、展陈、标识、绿化、景观设计等。

（2）商业改造设计步骤

　　a.项目调查。

　　b.设计条件落实：规划条件、消防条件、商业策划方案及设计所需的其他基础资料。

　　c.初步概念方案：供业主、商管公司审定，与政府或相关管理部门沟通。

　　d.概念设计方案（建筑设计与室内设计同步）。

　　e.方案设计（建筑设计与室内设计、结构、机电设计同步）。

　　f.建筑扩初设计（建筑设计与结构、机电设计同步）。

　　g.建筑施工图设计（建筑设计与结构、机电设计同步）（招商工作启动）。

　　h.室内方案深化设计。

　　i.室内扩初设计（机电追位设计同步，灯光、展陈、标识、绿化设计启动）。

　　j.室内施工图设计（机电追位设计同步，灯光设计同步，展陈、标识、绿化设计方案完成）（招商工作同步）。

　　k.展陈、标识、绿化设计完成（招商工作同步）。

7.6 商业地产改造项目的关键问题

（1）对于原建筑的设计进行解读

在进行改造设计之前，设计师必须对原建筑设计的设计原理进行充分的了解和研究，包括防火分区的设立、消防疏散的组织、疏散宽度的核定等，还包括原机电系统的设计原理、机电设计指标及容量、结构体系及荷载等。

（2）执行新规范对建筑的影响，如结构、消防等

这一点十分重要，却经常被忽略。以新的设计规范去改造基于旧规范设计的项目，往往会造成改造投资的大幅度增加，以及改造内容的扩大，或者对改造诉求产生限制。

（3）建筑使用性质的改变带来的问题

建筑使用性质的改变会增加项目的不确定性，且由于相关的报审时间带来的项目工作周期加长，还可能致使项目改造投资的大幅度增加。

（4）可能的面积调整造成的规划问题

项目的改造中要尽量保证不增加建筑面积，避免出现规划报审问题。

（5）原始建筑条件的制约问题，如柱网、层高、竖向交通等。

改造前，建筑的固有条件会对改造设计形成强力的制约，比如，层高、竖向的交通组织及柱网尺寸等。进行项目改造时，要充分分析各种限制因素，进行有针对性的有效设计。

（6）适用于新的使用要求的建筑形态调整

项目的改造更多的是全面性的、各个方面相关联的，并非单一、片面的，有时甚至牵一发而动全身，应针对不同的使用诉求调整建筑形态与其匹配。

（7）适用于新的使用要求的交通动线组织调整

对于一个待改造项目，一定要去衡量它的动线组织是不是符合新的使用要求或者新的商业诉求以及时代商业发展的需要，如果不适合，就必须进行改造，

商业动线的调整也就意味着整体商业平面的变化，要有对此付出相关投入的准备。

（8）适用于新的使用要求的机电系统、用房的调整

新的使用要求必然带来机电系统的调整，这种调整可能是楼层范畴，也可能是整个建筑范畴，涉及公共区域及租户区域。商业改造中的机电改造至关重要，却常常被忽略，其后果就是对后续的招商和运营带来非常不利的影响。

（9）工作开展的程序问题，即先解决关键性、决定性、控制性问题

商业改造工作包含的内容多，又会受到很多方面的制约，所以工作的开展顺序十分重要，应在充分分析的基础上，首先找出项目的关键问题和控制性问题予以解决，然后再围绕关键性和控制性问题解决其他问题。

（10）成本预期与控制问题

改造项目具有相当的复杂性，尤其是在利旧方面更有很多的不可预见性，所以，在成本预期上要留有余量，在改造设计之前应尽量客观、科学地分析现状利旧的可行性，以保证成本相对可控。

（11）工作周期的控制问题

商业改造工程的复杂性和不可预见性还会造成项目周期难以控制，这就更需要有经验的专业设计和工作团队，将相关问题解决在先，在设计时预留一定的包容性，尽量减少现场问题带来工期拖延的情况。更重要的是项目各参与方的统一协作和衔接配合。

● 参考资料

[1] 邓国凡, 杨明磊, 杜伟.商业地产实战精粹——项目规划与工程技术.北京: 中国建筑工业出版社, 2015.

[2] 张西利.商业地产标识系统规划设计.北京: 中国建筑工业出版社, 2015.

[3] 中华人民共和国住房和城乡建设部.建筑内部装修设计防火规范 GB 50222—2017.北京: 中国计划出版社, 2018.

[4] 中华人民共和国住房和城乡建设部.商店建筑设计规范 JGJ 48—2014.北京: 中国建筑工业出版社, 2014.

[5] 中华人民共和国住房和城乡建设部.民用建筑设计统一标准 GB 50352—2019.北京: 中国建筑工业出版社, 2019.

[6] 中华人民共和国住房和城乡建设部.建筑设计防火规范 GB 50016—2014（2018 版）.北京: 中国计划出版社, 2018.

[7] 中华人民共和国住房和城乡建设部.建筑防烟排烟系统技术标准 GB 51251—2017.北京: 中国计划出版社, 2018.

[8] 中华人民共和国住房和城乡建设部.城市公共厕所设计标准 CJJ 14—2016.北京: 中国建筑工业出版社, 2016.

[9] 国家电梯标准化技术委员会.《自动扶梯和自动人行道的制造与安装安全规范》应用指南 GB 16899—2011.北京: 中国标准出版社, 2012.

[10] 中华人民共和国住房和城乡建设部.无障碍设计规范 GB 50763—2012.北京: 中国建筑工业出版社, 2013.

[11] 中华人民共和国住房和城乡建设部.城市公共停车场工程项目建设标准 建标 128—2010.北京: 人民出版社, 2010.

[12] 中华人民共和国住房和城乡建设部.建筑照明设计标准 GB 50034—2013.北京: 中国建筑工业出版社, 2014.

图书在版编目（CIP）数据

商业地产室内设计 / 赵磊编著 . —桂林：广西师范大学出版社，2022.7
ISBN 978-7-5598-5036-2

Ⅰ．①商… Ⅱ．①赵… Ⅲ．①商业建筑－室内装饰设计
Ⅳ．① TU247

中国版本图书馆 CIP 数据核字 (2022) 第 096366 号

商业地产室内设计
SHANGYE DICHAN SHINEI SHEJI

策划编辑：高　巍
责任编辑：孙世阳
装帧设计：六　元

广西师范大学出版社出版发行

（广西桂林市五里店路 9 号　　　邮政编码：541004）
（网址：http://www.bbtpress.com）

出版人：黄轩庄

全国新华书店经销

销售热线：021-65200318　021-31260822-898

凸版艺彩（东莞）印刷有限公司印刷

（东莞市望牛墩镇朱平沙科技三路　邮政编码：523000）

开本：787mm×1 092mm　　1/16

印张：19.25　　　　　　字数：250 千字

2022 年 7 月第 1 版　　2022 年 7 月第 1 次印刷

定价：158.00 元

如发现印装质量问题，影响阅读，请与出版社发行部门联系调换。